PhD. Damarys García Céspedes
MSc. Digmar Alfredo Lajones Bones
PhD. Lázaro Antonio Lima Cazorla

Productos forestales no maderables de origen vegetal en Esmeraldas

PhD. Damarys García Céspedes
MSc. Digmar Alfredo Lajones Bones
PhD. Lázaro Antonio Lima Cazorla

Productos forestales no maderables de origen vegetal en Esmeraldas

Recursos vegetales no maderables de la provincia de Esmeraldas, Ecuador

Editorial Académica Española

Imprint
Any brand names and product names mentioned in this book are subject to trademark, brand or patent protection and are trademarks or registered trademarks of their respective holders. The use of brand names, product names, common names, trade names, product descriptions etc. even without a particular marking in this work is in no way to be construed to mean that such names may be regarded as unrestricted in respect of trademark and brand protection legislation and could thus be used by anyone.

Cover image: www.ingimage.com

Publisher:
Editorial Académica Española
is a trademark of
Dodo Books Indian Ocean Ltd. and OmniScriptum S.R.L publishing group

120 High Road, East Finchley, London, N2 9ED, United Kingdom
Str. Armeneasca 28/1, office 1, Chisinau MD-2012, Republic of Moldova, Europe
Managing Directors: Ieva Konstantinova, Victoria Ursu
info@omniscriptum.com

Printed at: see last page
ISBN: 978-620-0-03991-0

Productos forestales no maderables, con énfasis en los recursos de origen vegetal de la provincia de Esmeraldas, Ecuador

Non-timber forest products, with an emphasis on plant-based resources from the province of Esmeraldas, Ecuador

Damarys García Céspedes[1], Digmar Alfredo Lajones Bones[2], Lázaro Antonio Lima Cazorla[3], Félix Anival Preciado Quiñonez[4], Carlota Ermilia Montaño Medina[5]

Damarys García Céspedes
Doctor en Ciencias Técnicas; Máster en Ciencia y Tecnología de los Procesos Biotecnológicos; Licenciado en Microbiología;
Universidad Técnica "Luis Vargas Torres" de Esmeraldas; Ecuador; damarys.garcia@utelvt.edu.ec;
https://orcid.org/0000-0002-2994-9477

Digmar Alfredo Lajones Bones
Máster en Bosques y Conservación Ambiental; Ingeniero Forestal;
Universidad Técnica "Luis Vargas Torres" de Esmeraldas; Ecuador; alfredo.lajones@utelvt.edu.ec;
https://orcid.org/0000-0002-8143-8578

Lázaro Antonio Lima Cazorla
Doctor en Ciencias Químicas; Máster en Radioquímica; Licenciado en Radioquímica;
Universidad Técnica "Luis Vargas Torres" de Esmeraldas; Ecuador; lazaro.lima@utelvt.edu.ec;
https://orcid.org/0000-0003-0900-9602

Félix Anival Preciado Quiñonez
Máster en Gobernabilidad; Abogado;
Universidad Técnica "Luis Vargas Torres" de Esmeraldas; Ecuador; felix.preciado@utelvt.edu.ec;
https://orcid.org/ 0000-0003-3789-6835

Carlota Ermilia Montaño Medina
Máster en Ciencias Agrícolas; Ingeniera Forestal
Universidad Técnica "Luis Vargas Torres" de Esmeraldas; Ecuador;
millinmontano1975@gmail.com
https://orcid.org/0000-0001-7455-6501

Agradecimientos

Agradecemos profundamente a los pobladores de la provincia de Esmeraldas, en especial a quienes forman parte de las 57 parroquias rurales, por compartir generosamente sus conocimientos y experiencias sobre los productos forestales no maderables. Su valioso aporte ha sido fundamental para la recopilación de la información presentada en esta obra.

Asimismo, extendemos nuestro reconocimiento a los informantes clave, cuyas enseñanzas y testimonios han permitido destacar la riqueza y el potencial de los recursos de origen vegetal en la región. Gracias por brindarnos su tiempo, sabiduría y por contribuir al fortalecimiento del conocimiento sobre el aprovechamiento sostenible de estos recursos forestales no maderables.

Índice

Introducción

El desarrollo de las sociedades humanas, en las diferentes épocas, ha estado íntimamente relacionado en alguna medida con los bosques. Es conocido que los entornos forestales han sido una fuente importante de alimentos, medicinas, combustibles y otros materiales con aplicaciones relevantes en diferentes ámbitos (FAO, 2007). En la actualidad, estos ecosistemas terrestres son de gran importancia, esencialmente desde tres puntos de vista: el económico, el social y el ambiental. En especial, los recursos procedentes de los bosques desempeñan un papel relevante e indispensable para la sociedad.

Por otro lado, muchos bienes derivados de los bosques, no considerados en su esencia como maderables, estos tienen gran relevancia en todo el mundo, especialmente por su aporte a las comunidades rurales, su rol en la conservación ambiental y su aporte en la mitigación de la deforestación (López-Camacho, 2008; Shrivastava, 2003). Los conocidos como Productos Forestales No Maderables (PFNM) pueden catalogarse como recursos de origen biológico que se extraen de los bosques (o se aprovechan dentro de los mismos) pero que son conceptualmente diferentes a la madera.

Para Aguirre & Aguirre (2021), por lo general los PFNM pueden catalogarse comúnmente como productos secundarios del bosque. Según Mantau, Wong & Curl, (2007) en la literatura se pueden encontrar otros términos que también suelen emplearse para describir productos derivados de la actividad forestal no maderable tales como: "menores", "especiales", "bienes no madereros y servicios" o "bienes no madereros y beneficios".

Aunque no solo circunscritos al ámbito local, muchos bienes obtenidos de las áreas forestales o propiamente de los bosques sirven de base a comunidades campesinas, rurales o indígenas para obtener productos con valor alimenticio, medicinal, ornamental, obtención de fibras, entre otros. De igual forma se pueden encontrar aplicaciones de los PFNM en el contexto de la obtención de tintes y materiales de construcción. Para Aguirre et al. (2019) los PFNM son fundamentales en la economía local, su aprovechamiento es una alternativa factible para el manejo y conservación de los bosques, actuando como actividad motivadora para que las comunidades valoren económica, social y ambientalmente el bosque.

Dentro de algunos usos destacables de los PFNM en Latinoamérica se destacan: la industria de la nuez del Brasil que proporciona opciones de empleo (Ruíz Pérez et al., 1997), el uso medicinal, alimenticio, artesanal, ornamental, tóxico, mágico-religioso, combustible, colorantes y plantas productoras de látex en México (Cogollo-Calderon & García-Cossio, 2012), el uso de plantas medicinales en Perú (CIFOR, 2024), la producción de botones y artesanías a partir de nueces de tagua en Ecuador (Mendoza et al., 2021). Según Mendoza & Mendoza (2021), la Amazonía es una de las regiones donde se verifica un amplio uso de los PFNM, pues las comunidades encuentran en los mismos un uso relevante que incluye la obtención de los recursos económicos necesarios para su subsistencia.

En aras de diversificar los usos forestales de los materiales, aparejado al hecho de que mundialmente se ha generado una mayor preocupación sobre la deforestación que sufre el planeta, se ha verificado un incremento en el interés por el empleo de los PFNM. Por ejemplo, Tapia-Tapia & Reyes-Chilpa (2008) plantearon que la perspectiva de generación de fuentes de empleo y la generación de ingresos monetarios han sido elementos que ha favorecido la utilización de los PFNM, lográndose adicionalmente una contribución no despreciable en el área de la seguridad alimentaria y el desarrollo sostenible. Aunque tal y como indicaron Pedersen et al. (2020) es necesario valorar y encontrar alternativas para las tensiones que se establecen entre el desarrollo económico y la ansiada sostenibilidad ambiental, en el marco del aprovechamiento de recursos biológicos renovables.

Por otro lado, es necesario destacar que existen aún desafíos en lo relativo a un mayor apoyo institucional para regular y favorecer este tipo de prácticas, además, tal y como han indicado Borah et al. (2020), las actividades antropogénicas y los desastres naturales pueden considerarse como amenazas para el asegurar la sostenibilidad de estas actividades.

Capítulo I. Aspectos conceptuales relevantes relacionados con los productos forestales no maderables

1.1. Productos forestales no maderables, un acercamiento conceptual

Según Beer y Mc-Dermott (1989), el término "Productos Forestales No Maderables" está relacionada con los materiales biológicos que se extraen de los bosques con el fin de su uso por los seres humanos, teniendo como particularidad de que se incluyen materiales diferentes a la madera, con respecto a su composición química y aplicaciones fundamentales. Posteriormente, la FAO (1992) asoció los PFNM a bienes y servicios que se obtienen de los bosques sin que su utilización conlleve a alterar sustancialmente las funciones básicas del ecosistema.

Estas conceptualizaciones primarias han sido enriquecidas en diferentes momentos, por lo cual se le han incorporado diversos matices. Por ejemplo, la FAO ha sugerido incluir solamente aquellos bienes biológicos tangibles que no consideran elementos derivados o asociados al aprovechamiento forestal, como puede ser lo referido a la obtención de leña y carbón vegetal. Es por ello que aspectos tales como la conservación de ecosistemas y biodiversidad, protección de cuencas, belleza escénica y captura de CO_2 han sido también incluidos (FAO, 1992). Con respecto al alcance del empleo de los recursos derivados del bosque y su biomasa, el mismo cubre un amplio abanico que va desde los usos comerciales, industriales o de subsistencia. La Unión Internacional para la Conservación de la Naturaleza incluyó dentro de la definición de PFNM a todos aquellos productos biológicos (excluyendo la madera, la leña y el carbón) que son extraídos de los bosques naturales para el uso humano (UICN, 1996).

Otro aspecto relevante que ha sido valorado y reconceptualizado con respecto a los PFNM es lo relacionado a las zonas de donde pueden provenir estos recursos, en este sentido, se ha considerado que las zonas forestales y agroforestales deben también ser consideradas como fuente de estos recursos, además de los bosques de origen natural (FAO, 1999). Esta ampliación en el ámbito conceptual posiblemente esté relacionada con la importancia de fortalecer las acciones en lo relativo a la sostenibilidad y la conservación de los diferentes ecosistemas. Según la FAO (2010), los PFNM incluyen a todos los productos vegetales y animales recogidos en áreas definidas como bosques, sean estos naturales o plantados.

La definición de PFNM propuesta por la FAO (2005) incluyó un grupo de aspectos generales y relevantes con respecto a este tipo de bienes, comprendiendo en la misma a los productos biológicos de origen no maderero que pueden recolectarse o producirse tanto en los bosques como en otras tierras boscosas o a partir de árboles fuera de los bosques. Por su parte, De la Peña & Illsley. (2001) asocian el concepto de PFNM a la amplia gama de individuos vegetales y animales, y a los bienes e insumos que se extraen de ecosistemas forestales o de selvas, "los cuales llegan a formar parte de ciclos productivos, alimenticios, religiosos y culturales de los pueblos rurales".

Zamora (2016), señala que los PFNM constituyen una parte importante de los bienes y servicios que generan los ecosistemas forestales, y que tienen gran relevancia en la subsistencia de las poblaciones humanas asentadas en sus colindancias, o bien dentro de sus propios límites, destacando que el concepto no es de tipo ecológico ni biológico, sino más bien atañe a una connotación económico-política que contribuye a incrementar la visibilidad ante los tomadores de decisiones responsables de la gestión pública. Aspecto que es esencial para no perder de vista el valor ecológico de estos recursos, ya que diversos de estos son determinantes en el mantenimiento del equilibrio de los ecosistemas de los cuales forman parte.

A pesar de que se observa una evolución enriquecedora en la conceptualización de los PFNM, según Zamora (2016) hay dos elementos centrales que no deben ser modificados y sobre los cuales pueden gravitar las diferentes valoraciones. En este sentido debe ser invariable lo relacionado con el origen de los recursos a partir de los ecosistemas boscosos y áreas con características muy similares a estos y, por otro lado, siempre excluir lo relativo a la madera y sus derivados como recursos procedentes de estas zonas.

Aunque existen determinados aspectos con un importante nivel de aceptación internacional respecto a la conceptualización asociada con los PFNM, aún se mantiene el debate acerca del alcance de estos. Por ejemplo, Leakey (2012) sugiere que la utilización del término "Productos Forestales No Maderables" es inapropiado en múltiples ocasiones, pues excede el alcance original que agrupaba a productos obtenidos de los bosques. Al respecto, recomendó introducir el término "Productos de árboles agroforestales" (AFTP) para diferenciar y agrupar a aquellos bienes que provienen de una nueva generación, basado en árboles perennes, de cultivos provenientes de áreas agrícolas.

A la luz de los actuales momentos de creciente demanda de PFNM, el poder contar con una definición operativa clara e internacionalmente aceptada para estos recursos puede favorecer la evaluación y gestión eficaz de los mismos. Según Mantau, Wong & Curl (2007) los desafíos asociados a las interrelaciones entre el valor del uso de los bienes y servicios forestales y los entornos cambiantes de los factores ambientales y económicos asociados, puede resolverse usando un enfoque holístico.

1.2. Clasificación de los productos forestales no maderables

Varios autores han sugerido diversas categorías para agrupar a los PFNM, entre ellos, Aguirre (2012), Aguirre & Aguirre (2021), Jiménez González et. al. (2022) y De la Peña & Illsley (2001), en estos trabajos se hacen aportes interesantes en este sentido. No obstante, puede afirmarse que no existe una clasificación única o estándar sobre los mismos, con lo que se coincide con lo expresado por Sosa-Montes et al. (2013), más bien puede apreciarse que existe una diversidad de clasificaciones, especialmente con respecto a diferentes factores como es el caso de las fuentes de los RFNM, sus propiedades, características y usos (Chandrasekharan et al.,1996).

En un país desarrollado como Estados Unidos de América dentro de las categorías en las que se han dividido los PFNM se encuentran: follaje decorativo, follaje navideño, materiales para artesanías y ornamentales, alimentos de origen silvestre, productos medicinales, materiales ceremoniales/culturales y trasplantes de plantas nativas (Alexander & McLain, 2001). Estos autores destacan que en las últimas décadas ha habido un incremento del financiamiento de parte de algunas organizaciones con vistas a fortalecer la investigación y el manejo de los PFNM al incrementarse su uso.

Para Añazco et al. (2004) esencialmente los PFNM pueden clasificarse dependiendo de su origen, ya sea vegetal o animal, y también con respecto a su uso. Arias y López (2007), por su parte, propusieron una serie de categorías para realizar la agrupación de los PFNM, a continuación, se presentan las mismas y sus características principales:

- Alimento: especies de plantas cultivadas y usadas del bosque como comestibles.
- Artesanal: son aquellas especies utilizadas como colorantes, fibras para cestería, pulpa para elaboración artesanal de papel, estructuras vegetales para la elaboración de objetos decorativos, bisutería e instrumentos de la vida cotidiana., semillas y/o recipientes.
- Colorante: plantas usadas para obtener tintes naturales que son utilizados por los pueblos nativos para asentar en la piel, pintar fibras, textiles, utensilios, bisutería etc.
- Construcción: especies usadas en la edificación de viviendas, como vigas, cercas, techos, amarres, etc.
- Cultura: especies que son utilizadas en actividades sociales o rituales.
- Forraje: plantas que sirven para alimento animal.
- Medicinal: plantas usadas para tratar o prevenir enfermedades.
- Ornamental: especies con uso actual o potencial en el ornato y decoración de espacios.
- Psicotrópica: especies que producen efectos sobre el sistema nervioso.
- Tóxicos: plantas empleadas como venenos para cacería, pesca o que se reconocen como nocivas para el hombre o animales.

- Otros: especies con usos específicos y que no pueden ser catalogadas en las otras categorías de uso.

Aparejado con la evolución del concepto de PFNM, han surgido entonces algunas puntualizaciones con respecto a las categorizaciones, como son los casos de las propuestas de Aguirre & Aguirre (2021) y Jiménez González et. al. (2022). Es interesante destacar en este sentido que las categorías indicadas por Arias y López (2007) tienen una base común con las clasificaciones propuestas por Aguirre & Aguirre (2021) y Jiménez González et. al. (2022), coincidiendo especialmente en destacar el valor multifuncional de los PFNM. Sin embargo, lo sugerido por Aguirre & Aguirre (2021) y Jiménez González et. al. (2022) ofrece un enfoque más desglosado y detallado, considerando aspectos industriales y productos derivados de animales, mientras que lo propuesto por Arias y López (2007) puede considerarse como una alternativa más generalista y abarcadora en categorías. De igual forma con respecto a la propuesta de clasificación funcional previamente generada por De la Peña & Illsley. (2001), puede valorarse muy similar por su fundamento compartido a la de Arias y López (2007), diferenciándose ambas esencialmente en su enfoque, comercial e industrial en el primer caso y local y cultural en el segundo.

La elección del esquema más conveniente de clasificación al trabajar con los PFNM depende del propósito del trabajo, pudiendo seleccionarse una visión general de estos recursos o una categorización más detallada. Por ejemplo, Sosa-Montes, et al. (2013) al estudiar los PFNM y su forma de aprovechamiento en el ejido San José Cieneguilla, México, decidieron emplear la clasificación propuesta por De la Peña & Illsley (2001), debido a que esta clasificación resultó más funcional para su investigación.

1.3. Importancia de los productos forestales no maderables

Los PFNM tienen un impacto significativo sobre la vida de una parte sustancial de diversas comunidades rurales, campesinas e indígenas. Muchos de estos productos tienen una incidencia directa para la supervivencia de las personas al ser fuente esencial de alimentos, productos medicinales y otros materiales de empleo por diferentes grupos sociales para diversos fines. Son considerados fuente de alimento esencial en poblaciones rurales y su aprovechamiento contribuye al desarrollo sostenible de las comunidades rurales que se dedican a su recolección y comercio (Córdoba et al., 2019). Un estudio en Tanzania destacó que estos productos tienen un papel esencial como suplemento alimentario especialmente durante las épocas de menor producción agrícola (Msola et al., 2017).

De igual manera una parte de los recursos obtenidos se utiliza para generar ingresos económicos (Shackleton & Shackleton, 2004; Shanley et al., 2016). Con respecto a este último aspecto, Suleiman et al. (2017) valoraron que, en algunas regiones del planeta, los ingresos obtenidos a partir de esta fuente pueden considerarse significativos, contribuyendo a mitigar la pobreza, por ejemplo, en zonas de África y Asia, los PFNM pueden representar entre el 20 % y el 60 % de los ingresos familiares.

Aunque en algunos casos excepcionales se han detectado daños a los ecosistemas por la explotación de los PFNM, existe bastante coincidencia en que la explotación de los recursos maderables tiene mucho mayor impacto sobre los bosques y sistemas afines. El empleo de los PFNM usualmente permite que los bosques conserven adecuadamente los suelos y las fuentes de agua y que no se provoquen daños significativos, pudiéndose mantener un equilibrio en los servicios ambientales fundamentales que se obtienen de los bosques (Arnold & Pérez, 2001).

Por su parte, la recolección de PFNM también tiene implicaciones para la salud pública. Las plantas medicinales recolectadas en los bosques son utilizadas ampliamente para tratar diversas enfermedades, desde problemas gastrointestinales hasta infecciones respiratorias (Borah et al., 2020). Sin embargo, el acceso a estos recursos puede verse comprometido por la sobreexplotación y la deforestación, lo que subraya la importancia de las políticas de gestión sostenible (Ndoye & Tieguhong, 2004).

Una arista muy importante desde el punto de vista cultural es la utilización de los PFNM en usos con valor simbólico y ceremonial, lo cual es de gran relevancia en muchas comunidades indígenas. Shanley et al. (2016) destacaron que la utilización de plantas medicinales y resinas es un componente importante en poblaciones indígenas de la Amazonía, con el fin de realizar tratamientos tradicionales y emplearlos en ritos autóctonos. Pueden contemplarse también como elementos que forman parte de la vida política, institucional y cultural de las personas del medio rural involucrada en su recolección, consumo y preservación (Alexiades & Shanley, 2004).

De acuerdo con Córdoba et al. (2019), la importancia de PFNM se basa en algunos supuestos como:

a) La producción y comercialización pueden proveer opciones atractivas económicamente para las comunidades (campesinos e indígenas) contribuyendo a incrementar sus ingresos y ofreciendo una oportunidad de desarrollo;
b) La producción es más favorable para el uso de los bosques tropicales que otros usos alternativos de la tierra, siendo un paradigma en la valoración y conservación de los bosques tropicales;
c) Incrementando su valor obtenido por la población local, se aumentan los incentivos para la conservación del bosque, contribuyendo en la prevención del cambio de uso de la tierra con otros fines;
d) La recolección es más beneficiosa que el aprovechamiento de la madera u otros usos del bosque, logrando a su vez una base para el manejo forestal sostenible.

1.4. Aspectos a tener en cuenta para el aprovechamiento de los productos forestales no maderables

En el aprovechamiento de los productos forestales no maderables de acuerdo con Aguirre (2012), se deben considerar dos aspectos esenciales:

- La cuantificación de la especie, que se logra buscando información secundaria, sobre los usos, revisar bibliografía existente, obtener información primaria desde el saber campesino mediante encuestas y entrevistas. Se debe realizar la cuantificación de la especie a hacer aprovechada, ya sea por medio de parcelas o transectos, para conocer la densidad y abundancia de la especie en el lugar que se va a hacer la extracción del PFNM y contar el criterio, si es que se puede o no extraer el producto forestal no maderable de esa especie.
- Conocer la autoecología de la especie, para lo cual hay que tener en cuenta los diferentes aspectos como:

Distribución geográfica: constituye el espacio que reúne las condiciones adecuadas para que la población de una especie pueda desarrollar, residir y reproducirse, perpetuando su presencia.

Estructura de edades/sexo: para determinar la edad se puede usar la distribución de los individuos de una especie en clases diamétricas (delgadas, medianas y grandes) y así poder establecer diferentes grupos de edades dentro de la misma especie, para determinar si existe potencialidad de la especie para soportar a actividades extractivas. Si no se tratan de árboles habrá que indagar la posible edad de la vegetación que permita inferir la estructura de edad. Asimismo, se puede utilizar la altura de las plantas. Aspecto similar debe hacerse con el sexo, ya que es necesario conocer la proporción de masculinos y femeninas, lo que permite tener una visión del futuro de la población de esa especie en particular.

Es importante conocer la edad, ya que, en la base a las clases diamétricas, el diámetro se encuentra directamente relacionado con la edad. En base a la edad de los árboles, se podrá conocer cuando la especie esta lista para ser aprovechada, tomando en cuenta todos los criterios técnicos y así poder reducir los impactos que se ocasionan en el aprovechamiento.

Fenología: consiste en el registro cronológico de las fases de crecimiento y desarrollo de las plantas, así como la correlación con las condiciones ambientales: temperatura, luz y humedad. En la fenología se registran las fechas de ocurrencia de los fenómenos periódicos. Es importante conocer la especie para saber cuándo ir al bosque y dependiendo de qué parte de la planta se desea aprovechar, investigando las diferentes etapas como: floración. fructificación, defoliación, etc.

Regeneración natural: capacidad que tiene una especie de mantener estables sus poblaciones naturales, lo que depende del potencial biótico de la especie. Se debe conocer el tipo de reproducción con el que se obtiene mayor viabilidad y crecimiento de la especie.

Status sucesional: se refiere al estado o posesión de una especie en el bosque (pionera, de rápido crecimiento).

Impacto o soporte a la cosecha: el manejo de recursos no maderables depende de los cálculos de la densidad de la distribución y abundancia de las diferentes especies potenciales. Sin el conocimiento de la densidad inicial y la estructura de clases de tamaño, la población lentamente puede extinguirse con cada cosecha sucesiva sin que esto se note. El impacto que pueda presentar la población de una especie, depende del órgano de la planta que se va a aprovechar, de la intensidad y frecuencia de la cosecha.

Requerimientos silviculturales: se refiere a las técnicas para cultivar y manipular las masas forestales a través de la aplicación de principios biológicos y ecológicos. Los tratamientos silviculturales mejoran la producción, realizando podas, raleos, entresacas, liberación y fertilización con la finalidad de obtener buenos productos forestales no maderables.

La creciente presión sobre los bosques debido a la deforestación y el cambio climático está afectando negativamente la disponibilidad de PFNM. En

Camboya, la sobreexplotación de los bosques ha reducido significativamente el acceso a productos como las plantas medicinales y los frutos silvestres (Phanith, 2022). Aspecto que indica la necesidad de políticas de manejo forestal sostenible que garanticen que los bosques continúen proporcionando PFNM a las generaciones futuras (Arnold & Pérez, 2001).

Los bosques gestionados para la recolección de PFNM tienden a ser más resilientes y a retener mayor biodiversidad que los bosques gestionados únicamente para la producción de madera (Shanley et al., 2016). Esto refuerza el argumento de que la promoción de los PFNM puede contribuir tanto a la conservación de los bosques como a la mejora de los medios de vida de las comunidades locales.

1.5. Recolección, procesamiento y comercialización de los productos forestales no maderables

De acuerdo con Ganchozo & González (2022), los PFNM pueden recolectarse en forma silvestre o producirse en plantaciones forestales o sistemas agroforestales. La recolección es una actividad muy importante, especialmente para las prácticas y los medios de vida en el sector agrícola de los países y pueblos en desarrollo, ya que los productos cosechados localmente ayudan a satisfacer la demanda, los estándares internacionales y, al mismo tiempo, el desarrollo sostenible de los recursos biológicos. El mundo de la recolección es muy complejo, comprende variables económicas, productivas, sociales y culturales (FAO, 2017).

Los PFNM pueden ser extraídos sin cortar los árboles ni destruir los bosques, por lo que constituyen prácticas amistosas con el ambiente y la conservación de la biodiversidad. Toda vez que los PFNM pueden ser una fuente relevante de recursos económicos, determinados actores económicos tratan de sacar beneficios en detrimento de la sostenibilidad de los ecosistemas. Pionce (2016) resulta que al desarrollarse la explotación comercial de los recursos se pueden generar impactos negativos en los ecosistemas, lo cual se contrapone a que comúnmente las comunidades rurales realizan la recolección en condiciones que no dañan esencialmente el medio, a pesar de los restos existentes con respecto a la infraestructura y de mantener la sostenibilidad.

Alexiades & Shanley (2004), plantearon que los PFNM no son sólo recursos naturales utilizados para cubrir las necesidades de subsistencia, ni meros recursos económicos comercializables entre diferentes tipos de actores sociales, sino que además forman parte de la vida política, cultural e institucional de los involucrados en su recolección y consumo.

Las actividades relacionadas con la recolección y procesamiento primario de ellos se prestan para la participación equitativa de la mujer. Proporcionan materia prima para apoyar a empresas de procesamiento, tales como aceites esenciales, resinas y productos farmacéuticos (Chandrasekharan et al., 1996).

La recolección, para autoconsumo o comercialización, muestra gran significancia social, participan distintas generaciones, no se requiere mayor calificación, generalmente se transmite de padres a hijos, siendo una actividad que une a la familia rural (Valdebenito 2013).

El proceso de recolección de los PFNM requiere de abundante mano de obra y escasa inversión en comparación con la extracción de la madera, sin embargo, aunque la comercialización de algunos PFNM dinamiza las economías locales, es común que los campesinos que participan en el aprovechamiento sufran pobreza, inseguridad laboral y sanitaria; esta situación, es el resultado de los complejos canales de comercialización donde el beneficiario mayor es el intermediario (Aguirre, y Aguirre, 2021).

El procesamiento de los PFNM es un valor agregado para el producto, que beneficia el empleo y la economía local, los mismos se exportan sin procesar por falta de recursos humanos o tecnología, aunque existen emprendimientos que realizan procesamiento y han ganado fama internacional (Ganchozo & González, 2022).

Pin Cedeño (2018), planteó que generalmente estas actividades las realiza desde una perspectiva artesanal, sin infraestructura, con personal sin preparación y lo hacen como trabajo en jornadas parciales pero que satisface el mercado local, con excepciones como el del mercado de los sombreros de paja toquilla y las artesanías en tagua que se exportan, al contrario de los países desarrollados que lo ejecutan con miras a una producción masiva y a la exportación.

La comercialización de los PFNM genera beneficios para las comunidades desde dos panoramas: el primero como forma de aprovisionamiento en los hogares cuando no se tiene otro ingreso disponible o este es bajo aportando a la seguridad alimentaria; el segundo como una forma de obtener dinero en efectivo, ya sea para su venta directa o por la venta de artículos elaborados a partir de ellos, por ejemplo, para la producción de artesanías (Shackleton, 2015).

La comercialización de los PFNM en el mundo se encuentra en relación directa con la demanda de los mismos generando altos retornos económicos y empleos rurales, sin embargo, se hace necesario perfeccionar los diversos ámbitos que involucran la cadena productiva desde el bosque a los consumidores finales. La comercialización de los PFNM contribuye al fomento de fuentes de empleo e ingresos a una gran cantidad de personas, se forma una cadena desde las personas del sector rural que las recogen, los intermediarios y las personas que las comercializan a nivel nacional e internacional, los PFNM contribuyen de manera decidida a la subsistencia de un gran porcentaje de la población (Pin Cedeño, 2018).

El conocimiento acerca de la capacidad producción de los bosques, el uso actual que se está dando a sus productos, en los mercados, en la situación en que se encuentran, ayudará a generar y desarrollar proyectos de aprovechamiento, elaboración de leyes para su protección y un mayor respeto por los recursos naturales. (Añazco et al., 2004)

Además de fortalecer la generación de conocimientos socioeconómicos afines con el aprovechamiento de los PFNM, es básico desarrollar, fomentar y financiar grupos de trabajo enfocados al estudio del impacto que tienen los diferentes sistemas de manejo forestal sobre la biodiversidad, en general, pero sobre todo en las poblaciones de especies que integran el universo de los

PFNM, ya que los conocimientos que generen este tipo de investigaciones son fundamentales para la incorporación de dichos recursos a la gestión forestal, con fines de autoconsumo, de comercialización, así como para su integración a programas de conservación, o bien al pago de servicios ambientales (Zamora, 2016).

Aunque el procesamiento local de los PFNM puede contribuir a incrementar el valor de los productos y en muchos casos ser una fuente de empleo, el financiamiento para tecnologías y mercados puede ser un freno para la mejora económica de las comunidades locales. Un ejemplo de cómo estos procesos pueden generar resultados positivos se verifica en Ecuador, donde la tagua y la paja toquilla han alcanzado un renombre internacional importante gracias a la implementación de estrategias exitosas de comercialización (Ganchozo & González, 2022).

1.6. Variedades de los productos forestales no maderables

La diversidad de los de Productos Forestales No Maderables es inmensa y refleja la biodiversidad del entorno en el que se recolectan. En el noreste de India, un estudio sobre la diversidad de PFNM en la reserva forestal de Behali se identificaron más de 100 especies de plantas utilizadas para diversos fines, incluidos alimentos, medicinas y productos ornamentales (Borah et al., 2020). Los bosques tropicales y subtropicales albergan una gran variedad de PFNM, desde hongos comestibles hasta plantas con propiedades medicinales (Saha & Sundriyal, 2012).

La amplia variedad de PFNM pueden estar influenciadas por factores ambientales y sociales. En algunas zonas, la recolección de productos forestales está fuertemente regulada, lo que limita el acceso de las comunidades locales a estos recursos. En Camboya, por ejemplo, la gestión sostenible de los PFNM ha sido promovida para garantizar que las comunidades locales continúen beneficiándose de estos productos sin dañar el ecosistema (Phanith, 2022).

Por su parte una gran cantidad de productos de uso cotidiano como medicinas, perfumes, lociones bronceadoras, esmalte para uñas, enjuagues bucales, bálsamos para cabello, goma de mascar, bebidas gaseosas, jugos de fruta, nueces comestibles, cereales, hierbas culinarias, postres de leche, bolsas de fantasía, botones decorativos, piezas de ajedrez, pelotas de golf, pinturas, anticorrosivos, fungicidas, y un sinnúmero de otros productos contienen variables proporciones de PFNM (Chandrasekharan et al., 1996).

A continuación, se presentan ejemplos específicos relacionados con los productos forestales no maderables (PFNM), su origen, uso e importancia económica.

Los PFNM de origen vegetal comprenden frutos, semillas, resinas, látex, cortezas, hojas, raíces, entre otros. Estudios como el de Cogollo-Calderón y García-Cossio (2012) han destacado la riqueza de estos productos en comunidades como Doña Josefa, Chocó, Colombia. Algunos ejemplos representativos incluyen *Bactris gasipaes* (chonta dura), *Opuntia Ficus-indica* (nopal), *Pouteria caimito* (caimito) y *Euterpe precatoria* (palmito) que es un importante producto de exportación de Ecuador (Zhindón Ganchozo y Jiménez González, 2022). Asimismo, se encuentran especies con propiedades medicinales como *Cinchona officinalis* (quina), *Piper aduncum* (matico) y *Croton lechleri* (sangre de drago) (Carrión et al., 2019; Quito-Ulloa et al., 2021). En el ámbito industrial y artesanal, destacan las fibras vegetales como *Bambusa guadua*, utilizada en la construcción, y *Astrocaryum chambira*, empleada en la elaboración de artesanías (Villavicencio Montoya, Herrera Chicaiza y Villacreses Ochoa, 2024).

Por otro lado, los PFNM de origen animal incluyen productos derivados de la fauna silvestre, tales como miel, cera de abejas, seda y secreciones animales utilizadas en medicina y cosmética. Investigaciones como la de Gutiérrez Collao et al. (2024) han documentado la comercialización de estos productos en mercados de Viñas y Pampas, Perú. Además, se han identificado especies de fauna silvestre cuyos derivados son utilizados en medicina tradicional y cosmética (Jiménez González et al., 2017; García y Polanía, 2007).

Los usos de los PFNM son diversos, abarcando la alimentación, la medicina, la industria y la artesanía. Dentro de los usos alimentarios, destacan especies como *Ilex guayusa* (guayusa), ampliamente consumida por comunidades indígenas (Zhiñin et al., 2021), y *Annona muricata* (guanábana), *Albizia guachapele* y *Guazuma ulmifolia* (Pionce-Andrade et al., 2018). En cuanto a su aplicación medicinal, se ha documentado el uso de *Cinchona officinalis*, fuente de quinina, y *Valeriana microphylla* (Carrión et al., 2019), así como aceites esenciales obtenidos de *Bursera graveolens* (palo santo) y *Eucalyptus citriodora* (Zhindón Ganchozo y Jiménez González, 2022).

En el ámbito industrial y artesanal, se verifica el empleo de fibras de *Astrocaryum chambira* y *Smilax sp.* en la elaboración de cestería (Villavicencio Montoya et al., 2024), así como el uso de resinas y pigmentos naturales en la producción de tintes y colorantes (Zhiñin et al., 2021). Además, se han reportado aplicaciones rituales y religiosas de los PFNM, como el uso de plantas en ceremonias chamánicas dentro de comunidades Shuar (Zhiñin et al., 2021) y productos con significados mágico-religiosos en la cultura afrodescendiente del Chocó, Colombia (Cogollo-Calderón y García-Cossio, 2012).

Desde el punto de vista económico, los PFNM desempeñan un papel esencial en la seguridad alimentaria y la medicina tradicional en comunidades rurales. Estudios como los de Jima Chugá (2017) y Quito-Ulloa et al. (2021) documentan su contribución a la subsistencia de comunidades andinas y amazónicas. Sin embargo, algunos PFNM poseen un alto valor comercial y participan en mercados nacionales e internacionales. Ejemplos de ello son los aceites esenciales y resinas utilizadas en la industria cosmética y farmacéutica (Zhindón Ganchozo y Jiménez González, 2022), así como la exportación de palmito (*Euterpe precatoria*) y quinina (*Cinchona officinalis*) (Villavicencio Montoya, Herrera Chicaiza y Villacreses Ochoa, 2024).

1.7. Productos forestales no maderables en Ecuador

Al ser Ecuador uno de los países con una gran diversidad biológica y estar conformado por importantes áreas forestales, es posible suponer que en varias zonas del país pueda generarse el aprovechamiento de los PFNM. De hecho, según Bravo Velásquez (2014), el país que cuenta con el 0,17 % de la superficie terrestre de La Tierra poseía en ese momento 16087 especies de plantas vasculares, un 11% del total de vertebrados terrestres, 400 especies de anfibios, 1562 especies de aves y 1600 especies de peces de agua dulce. Diversas comunidades campesinas e indígenas del país tienen en los PFNM soportes para obtener ingresos y generar puestos de trabajo (Montoya et al., 2024), en algunas comunidades los PFNM constituyen la única fuente de empleo e ingresos económicos (Añazco et al., 2010). Internacionalmente son muy conocidos la tagua, la paja toquilla y algunas plantas medicinales como algunos productos representativos del país (Añazco et al., 2010).

Según MAE (2010), debido a carencias en la reglamentación sobre el aprovechamiento de los PFNM en Ecuador, solo fue a partir del 2009 que se fueron registrando estos productos, por lo que la información en aquel momento era limitada. No obstante, los productos que tenían mayor aprovechamiento en ese momento eran la tagua (4,08 millones de kilogramos), guadua (56,2 miles de m^3) y pambil (16,1 miles de m^3), muy por encima del bambú, la hoja de canela, la chonta, entre otros productos ya registrados. También a partir de ese momento se comenzaban a obtener datos sobre el aprovechamiento del aceite de ungurahua, la corteza de balsa y la uña de gato (MAE, 2010).

Reportes realizados por Abalos - Romero (2001), indican que en el Ecuador los PFNM de mayor relevancia corresponden al grupo de las artesanías. Esta actividad constituye un importante complemento de la economía campesina, preferentemente en zonas donde se desarrolla la agroforestería o donde la aptitud de los suelos desestima el uso de la tierra con fines agrícolas. Los productos de los bosques tropicales de la Costa y el Oriente como la tagua

(*Phytelephas sp*) y la paja toquilla (*Carludovica palmata*) respectivamente son los más aprovechados (FAO, 2002). Por otra parte, la biodiversidad del bosque andino ofrece grandes expectativas para el aprovechamiento económico generado por el uso de plantas medicinales, esencias, colorantes naturales y saborizantes.

Económicamente, los PFNM representan una fuente vital para las comunidades rurales, ya sea mediante su uso directo o su comercialización en pequeña escala. Sin embargo, en muchas regiones, como en el bosque seco tropical de Manabí, el uso de estos productos no se realiza de manera sostenible, lo que limita su impacto económico (Jiménez González et al., 2017). Culturalmente, los PFNM están profundamente integrados en la vida de las comunidades locales, como se observa en la parroquia Nankais, donde los conocimientos tradicionales sobre estos productos son esenciales para mantener prácticas sostenibles y proteger la biodiversidad (Zhiñin, 2021).

Los PFNM en Ecuador abarcan múltiples categorías, según Villavicencio Montoya et al. (2024), los principales usos incluyen alimentos, medicinas, materiales de construcción, fibras y aceites esenciales, entre otras. Destacan especies como *Bambusa guadua* para construcción, *Astrocaryum chambira* para fibras y *Otoba parvifolia* como fuente medicinal de alto valor económico. En el caso de Loja, las categorías más relevantes son la medicina humana (32 especies) y los alimentos y bebidas (19 especies), mientras que especies como *Eucalyptus citriodora* y *Piper aduncum* se destacan por su frecuencia de uso (Carrión et al., 2019). En Manabí, el uso medicinal y alimenticio prevalece, con especies como *Guazuma ulmifolia* y *Annona muricata* siendo particularmente importantes para las comunidades (Pionce-Andrade et al., 2018).

Los principales desafíos en la gestión de los PFNM en Ecuador incluyen la sobreexplotación, la falta de conocimientos técnicos y legales, y la pérdida de biodiversidad. Por ejemplo, en el recinto Quimis, se identificaron procesos empobrecedores en el bosque seco tropical debido a prácticas insostenibles (Jiménez González et al., 2017). Además, la limitada comercialización de los

PFNM reduce su potencial económico, por ilustrar, aunque en el Parque Nacional Yacuri, se identificaron 209 especies distribuidas en 167 géneros y 126 familias, lo que refleja el alto valor ecológico y cultural de estas áreas, los productos recolectados no son abundantes en la estructura de la vegetación (Carrión et al., 2019).

Otro problema destacado es la pérdida de conocimientos tradicionales, especialmente en las generaciones jóvenes. Esta situación agrava la dependencia de las comunidades de prácticas insostenibles, como en la parroquia Valladolid, donde los adultos aún conservan conocimiento sobre los usos de las plantas, pero existe un declive en la transmisión de estos saberes (Quito Ulloa et al., 2021).

Las oportunidades en el manejo de los PFNM radican fundamentalmente en la integración de conocimientos tradicionales con enfoques científicos para promover su sostenibilidad. En este contexto, la capacitación de las comunidades para mejorar sus técnicas de recolección y manejo es fundamental, como se evidencia en el interés por programas de manejo sostenible en Nankais (Zhiñin, 2021).

La diversificación del uso comercial también representa un área de oportunidad. Productos como aceites esenciales y fibras tienen un mercado potencial, lo que podría incrementar los ingresos de las comunidades y reducir la presión sobre los recursos naturales (Villavicencio Montoya et al., 2024). Asimismo, la implementación de planes de conservación, como los propuestos en Manabí, podría ayudar a restaurar especies clave y garantizar la sostenibilidad a largo plazo (Pionce-Andrade et al., 2018).

1.8. Productos forestales no maderables en la provincia de Esmeraldas, Ecuador

Esmeraldas es la provincia de la costa ecuatoriana que se encuentra más al norte del país. El 70% del territorio en general es llano, con colinas de un máximo de 300 msnm, en la zona litoral fluviomarina, ligeramente ondular al

Sur, y los relieves cordilleranos estructurales; y 3480msnm en las prolongaciones occidentales de la cordillera de los Andes: al este se encuentran las estribaciones de Cayapas y Toisán, y al oeste la planicie se interrumpe por la presencia de un cordón de montañas de poca altura (montañas de Cojimíes) ubicadas al sudoeste del tercio inferior del río Esmeraldas; a más de ellas se encuentran las montañas de Muisne y Atacames. Tiene una extensión aproximada de 16.031 km^2 (GADPE, 2015).

Esta provincia posee no solo una amplia diversidad poblacional, donde se destacan las comunidades afroecuatorianas e indígenas, sino que es una zona rica en bosques y en biodiversidad, por lo que es un área donde se gestionan los PFNM. Así como en el ámbito forestal se generan recursos económicos para la provincia, desde el punto de vista de la explotación de los PFMN también se obtienen dividendos, fundamentalmente desde las vertientes de la sostenibilidad ecológica, la economía rural y la preservación cultural. Algunos aspectos limitan la ampliación del alcance del desarrollo de estas actividades en mercados más favorables, entre estos se encuentran las dificultades en el transporte y la falta de algunas infraestructuras (Fadiman, 2013).

Según Minda Batallas (2020) en la historia ambiental de la provincia de Esmeraldas, desde mediados del siglo XIX hasta el siglo XX, la región ha jugado un papel clave en la economía nacional mediante la exportación de la madera y de productos forestales no maderables como tagua, caucho y balsa. Según este autor, este proceso estuvo vinculado a la dinámica de economías extractivas y el capitalismo de frontera, que llevaron al despojo y la transformación del paisaje natural y social.

En la actualidad el manejo de los recursos forestales en Esmeraldas se caracteriza por un enfoque de gobernanza participativa. Las comunidades locales, incluidos afroecuatorianos e indígenas, están involucradas en la gestión de estos recursos mediante un sistema descentralizado que reconoce su derecho a manejar los mismos. Este modelo ha demostrado ser eficaz al conciliar objetivos de desarrollo y conservación (Rival, 2003).

Existen algunos reportes en los últimos años relacionados con los PFNM en la provincia de Esmeraldas que resultan interesantes valorar, para tener una idea del estado actual de su aprovechamiento. Según Jiménez-González et al. (2024), la región de San Carlos del Chura presenta 28 especies vegetales y 12 animales con usos destacados en alimentos, medicinas y conservación de ecosistemas. De manera similar, Jiménez-González et al. (2022) en los recintos San Ramón y Sántima, identificaron 66 especies proveedoras de PFNM, lo que subraya la diversidad y relevancia de estos productos. Sin embargo, Macías Ruiz y Sánchez Cisneros (2022) advierten que la recolección insostenible y la transformación del paisaje amenazan esta biodiversidad, destacando la necesidad de estrategias de manejo sostenible.

La importancia económica de los PFNM radica principalmente en su papel como fuente de subsistencia para las comunidades rurales. Estudios como los de Jiménez-González et al. (2024) y Macías Ruiz y Sánchez Cisneros (2022) coinciden en que la mayoría de los productos recolectados se destinan al consumo local, limitando su impacto económico. Este patrón es evidente en las comunidades del cantón Quinindé, donde solo el 12% de los PFNM se comercializan (Jiménez-González et al., 2022). Además, Miño Estupiñán (2024) señala que el conocimiento limitado sobre el valor y manejo de estos productos agrava el problema, reduciendo las oportunidades de desarrollo económico en las comunidades.

Culturalmente, los PFNM están profundamente integrados en las prácticas locales, como medicinas tradicionales y ceremonias rituales. Jiménez-González et al. (2024) destacan que la comunidad muestra un alto interés en preservar este conocimiento etnobiológico, mientras que Macías Ruiz y Sánchez Cisneros (2022) subrayan la relevancia de especies como *Bixa orellana*, utilizada en prácticas ceremoniales. Sin embargo, la pérdida de conocimiento intergeneracional y la falta de educación formal sobre manejo sostenible representan desafíos importantes (Jiménez-González et al., 2022; Miño Estupiñán, 2024).

En cuanto a las categorías de productos, los estudios revisados destacan la predominancia de alimentos y bebidas como la principal aplicación de los PFNM, representando entre el 43% y el 50% de los usos totales (Jiménez-González et al., 2024; Macías Ruiz y Sánchez Cisneros, 2022). Los frutos, hojas y resinas de especies vegetales como *Annona muricata* y *Citrus reticulata* son los más utilizados, mientras que, en los productos animales, especies como *Cuniculus paca* y *Tayassu pecari* son altamente valoradas por su carne. Además, los usos medicinales representan alrededor del 30%, evidenciando el potencial de estos productos para mejorar la salud comunitaria (Jiménez-González et al., 2022; Miño Estupiñán, 2024).

A pesar de su importancia, la gestión de los PFNM enfrenta múltiples problemas. La baja comercialización, identificada por Jiménez-González et al. (2022) y Macías Ruiz y Sánchez Cisneros (2022), limita las oportunidades económicas y perpetúa la dependencia del autoconsumo. Además, la recolección insostenible, como el uso de plantas completas en un 10% de los casos, pone en riesgo la regeneración natural de las especies (Macías Ruiz & Sánchez Cisneros, 2022). Otro desafío es la falta de conocimiento sobre las leyes y regulaciones que rigen el manejo de PFNM, un problema destacado por Miño Estupiñán (2024), es que solo el 13,52% de los encuestados conocen estas normativas.

Sin embargo, las oportunidades identificadas en los estudios revisados ofrecen soluciones prometedoras. La capacitación comunitaria es un eje central, ya que un alto porcentaje de las comunidades expresa interés en recibir formación sobre manejo sostenible (Jiménez-González et al., 2024; Macías Ruiz & Sánchez Cisneros, 2022). Además, la promoción del comercio local de productos como aceites esenciales y medicinas tradicionales puede diversificar los ingresos y reducir la presión sobre los recursos naturales (Jiménez-González et al., 2022). No obstante, la integración del conocimiento tradicional con estrategias de manejo sostenible podría fortalecer la conservación y la gestión a largo plazo de los PFNM, un enfoque respaldado por todos los autores revisados.

En el caso de Esmeraldas, MAE (2010) alertaba de la presión sobre el bosque en esta provincia, toda vez que contando con solo el 6,43 % del área del bosque tropical nacional, el aprovechamiento de la madera representaba un 40 % con respecto al total del país. Adicionalmente, en la zona, en algunos casos se han presentado incumplimientos en los planes de aprovechamiento forestal o se han presentado problemas de manejo en el mismo en áreas en explotación (Lajones Bone & Quispe Mera, 2016). En la literatura presentada por Larrea & Fabara Rojas (2005) pueden encontrarse la identificación de especies no maderables en los bosques protectores Monte Saíno y el Tagual, consideradas clave debido a su potencial comercial y su uso sostenible, ya que permiten la extracción sin comprometer la regeneración, tales como: la tagua (*Phytelephas aequatorialis*), el chapil (*Oenocarpus bataua*) y el mococha (*Cyclanthus bipartitus*).

Puede considerarse, que en la provincia de Esmeraldas los PFNM representan una oportunidad crucial para equilibrar la conservación de la biodiversidad con el desarrollo económico y cultural de las comunidades. Sin embargo, la sostenibilidad de estos depende de superar los desafíos asociados con la comercialización, la educación y la gestión de recursos. El desarrollo de estrategias que combinen conocimiento local y científico será clave para maximizar los beneficios de estos productos y garantizar su preservación para futuras generaciones.

1.9. Aspectos legales generales relacionados con los productos forestales no maderables y en el Ecuador

La implementación de políticas y leyes adecuadas es fundamental para la gestión sostenible de los PFNM, ya que establece normas para su uso, fomenta la legalidad en su comercio y, en última instancia, protege el ecosistema y las comunidades que dependen de estos productos. Según FAO (2001) de manera general puede considerarse que el aprovechamiento de los PFNM en América Latina se encuentra basado en normas, al menos de manera formal, no obstante, en algunos casos el esquema regulatorio no se mostraba claramente establecido.

En el ámbito de los PFNM, la terminología y las distinciones legales son fundamentales. Según Leakey (2017), la terminología utilizada para describir estos productos puede influir en su regulación y en el manejo de los recursos. Hacer distinciones permite que los productos de propiedad común se regulen de manera diferente a los recursos privados, facilitando la creación de normativas específicas que protejan el acceso y uso sostenible de estos recursos en comunidades vulnerables (Leakey, 2017).

Además, como indica Jensen (2009), los PFNM como el agarwood en Laos suelen estar vinculados a cadenas de valor complejas que involucran tanto actores legales como ilegales. La legalidad en estas cadenas es esencial para evitar la explotación excesiva y proteger la biodiversidad. La trazabilidad de estos productos, junto con regulaciones claras, ayuda a prevenir la explotación ilegal y fomenta una cadena de suministro transparente (Jensen, 2009).

La legislación internacional ha jugado un rol crucial en la regulación del comercio de productos forestales, incluidos los PFNM. En este sentido, varios países y bloques comerciales como la Unión Europea (UE), Estados Unidos (EE. UU) y Australia han implementado políticas que prohíben la importación de productos forestales ilegales. Según Masiero et al. (2015), estas normativas han llevado a una dualidad en el mercado, donde algunos productos cumplen con estrictas regulaciones de legalidad mientras otros se desvían hacia mercados con normativas más flexibles. Esta tendencia ha generado un cambio en el flujo de productos hacia países emergentes como China e India, que suelen tener regulaciones menos estrictas en comparación con la UE o EE. UU. (Masiero et al., 2015).

Otro componente esencial es el plan de acción para la aplicación de las leyes, gobernanza y comercio forestal (FLEGT) de la UE, que busca regular el comercio de productos forestales y reducir la tala ilegal. Sin embargo, Acheampong y Maryudi (2020) señalan que algunos productores, especialmente en Ghana e Indonesia, encuentran estas normativas como una carga financiera y normativa significativa. En respuesta, algunas empresas han adoptado estrategias para evitar las regulaciones, lo que sugiere la necesidad de que las políticas de legalidad consideren factores económicos y sociales para mejorar su aceptación (Acheampong & Maryudi, 2020).

En Ecuador, autores como Aguirre & Aguirre (2021) han apreciado de que a pesar de que en Ecuador desde hace mucho tiempo se aprovechan los PFNM, las instituciones gubernamentales no muestran el necesario interés para reglamentar el aprovechamiento y manejo de estos productos. Como resultado de ello, los referidos autores consideran que no existe en el país una normativa específica para el uso de los PFNM. Estos aspectos pudieran incidir en un subregistro en el aprovechamiento y comercialización de estos recursos.
En este sentido, es conveniente considerar cuáles son las normativas vigentes en el país que pueden estar relacionadas con los PFNM, y a partir de ello poder establecer que disposiciones específicas podrían nutrir la legislación del país en la relación a esta temática. A continuación, se detallan los principales cuerpos normativos y artículos clave que abordan el tema:

1. Constitución de la República del Ecuador (2008)
La Constitución del Ecuador incluye varios principios fundamentales para la protección de los recursos naturales, incluidos los productos forestales no maderables.

Artículo 71: Reconoce a la naturaleza como sujeto de derechos, estableciendo que la naturaleza o "Pachamama" tiene derecho a ser restaurada y que sus ciclos y procesos vitales deben ser respetados. Esto se extiende a los recursos no maderables, como plantas, resinas, fibras y frutos, que forman parte integral de los ecosistemas forestales.
Artículo 74: Garantiza el derecho de las personas a beneficiarse de los recursos naturales y señala que este aprovechamiento debe realizarse de manera sustentable, respetando los derechos de la naturaleza.

2. Código Orgánico del Ambiente

El Código Orgánico del Ambiente (COA), promulgado en 2017, regula de manera más detallada el manejo y aprovechamiento sostenible de los recursos naturales, incluidos los productos forestales no maderables.

Artículo 146: Establece que el aprovechamiento de productos forestales no maderables debe realizarse de acuerdo con los principios de sostenibilidad y conservación de la biodiversidad. El uso de PFNM está sujeto a planes de manejo forestal aprobados por la autoridad ambiental competente (Ministerio del Ambiente, Agua y Transición Ecológica).

Artículo 172: Dispone que cualquier aprovechamiento de productos no maderables requiere un permiso ambiental, el cual solo será otorgado si se garantiza que las actividades extractivas no ponen en riesgo la sostenibilidad de los ecosistemas ni las especies involucradas.

Artículo 176: Establece las sanciones por la explotación no autorizada de productos forestales no maderables, incluyendo la cancelación de permisos, multas económicas y medidas de restauración ecológica en los casos de daño ambiental.

3. Reglamento de Gestión Forestal

Este reglamento complementa el COA, regulando aspectos específicos relacionados con la gestión de los recursos forestales.

Artículo 35: Señala que los productos forestales no maderables, como frutos, hojas, cortezas, resinas, gomas y otros, deben ser aprovechados de acuerdo con los planes de manejo forestal que aseguren su regeneración y sostenibilidad.

Artículo 37: Establece la obligatoriedad de realizar un Inventario Forestal Previo antes de iniciar actividades de aprovechamiento de productos no maderables, con el fin de evaluar el impacto en las especies y los ecosistemas.

Artículo 39: Regula la trazabilidad de los PFNM, imponiendo requisitos de documentación y control para evitar la extracción y comercialización ilegal. Cada producto extraído debe contar con un Certificado de Origen Forestal que acredite su procedencia legal.

4. Ley de Propiedad Intelectual

En relación con el acceso a los recursos genéticos y los conocimientos tradicionales asociados a productos forestales no maderables:

Artículo 377: Reconoce los derechos de las comunidades indígenas sobre sus conocimientos ancestrales relacionados con el uso de productos forestales no maderables, como plantas medicinales, tintes naturales, y otros productos utilizados históricamente. Cualquier aprovechamiento de estos recursos debe contar con el consentimiento previo, libre e informado de las comunidades.

Artículo 379: Dispone que los beneficios derivados del uso comercial de conocimientos tradicionales relacionados con productos no maderables deben ser compartidos con las comunidades indígenas o locales que los hayan desarrollado.

5. Ley de Desarrollo Forestal y Conservación de Áreas Naturales y Vida Silvestre

Esta ley, aunque centrada en la conservación y el desarrollo forestal, también abarca los productos no maderables:

Artículo 18: Regula el uso y aprovechamiento de los productos no maderables dentro de las áreas protegidas. Establece que el uso de estos productos en áreas como parques nacionales o reservas ecológicas está restringido y debe ser controlado por el Ministerio del Ambiente para evitar la degradación de los ecosistemas.

Artículo 23: Obliga a las personas o entidades que se dediquen al aprovechamiento de productos forestales no maderables a presentar un plan de manejo, que debe incluir medidas para la regeneración natural de los recursos extraídos.

6. Convención sobre la Diversidad Biológica (CDB)

Ecuador es signatario del Convenio sobre la Diversidad Biológica, que establece directrices para la protección de la biodiversidad y el uso sostenible de los recursos naturales, incluidos los PFNM. La Decisión V/6 del CDB regula el acceso a los recursos genéticos y los beneficios compartidos, que es clave en el manejo de productos forestales no maderables con valor medicinal o cultural.

El marco normativo ecuatoriano relacionado con los productos forestales no maderables tiene una sólida base en la sostenibilidad y la conservación de la biodiversidad, reconociendo los derechos de la naturaleza y de las comunidades locales. Las disposiciones constitucionales y del Código Orgánico del Ambiente, junto con leyes especializadas y tratados internacionales, garantizan que el aprovechamiento de estos recursos se realice bajo estrictos controles, buscando siempre un equilibrio entre el desarrollo económico, la preservación ecológica y el respeto a los conocimientos ancestrales.

La normativa es clara en cuanto a la necesidad de permisos específicos para la explotación de productos no maderables, la obligatoriedad de planes de manejo, la trazabilidad en la comercialización, y la protección de los derechos de las comunidades indígenas sobre los conocimientos tradicionales. Además, el incumplimiento de estas normativas acarrea sanciones significativas, lo que refuerza la importancia de un manejo responsable y legal de los PFNM en el país.

1.10. Políticas, desafíos y oportunidades para el futuro de la legislación relacionada con los productos forestales no maderables

La implementación de políticas que fomenten la sostenibilidad es fundamental para la gestión de los PFNM. En Indonesia, por ejemplo, el sistema de verificación de legalidad de la madera (SVLK) fue desarrollado para apoyar la contratación pública verde y garantizar que los productos maderables provengan de fuentes legales y sostenibles. Según Tuharno et al. (2019), este sistema promueve la mejora de la calidad ambiental y fortalece la gobernanza forestal, combatiendo la tala ilegal y fomentando prácticas sostenibles en la industria forestal (Tuharno et al., 2019).

Asimismo, estas políticas tienen un impacto directo en las comunidades locales. La recolección sostenible de PFNM puede contribuir a mejorar la situación socioeconómica de las comunidades rurales, permitiéndoles obtener ingresos de los recursos forestales sin comprometer la sostenibilidad. Sin embargo, las políticas de recolección sostenible también deben adaptarse a las locales para garantizar su efectividad, ya que cada región puede presentar desafíos únicos en términos de acceso a los recursos, normativas y estructura social.

A pesar de los avances en la legislación sobre PFNM, todavía existen desafíos significativos en su implementación. Uno de los principales obstáculos es la fragmentación de las normativas y la falta de infraestructura para el monitoreo y cumplimiento efectivo de las leyes. La complejidad de las cadenas de valor de los PFNM y la diversidad de actores involucrados dificultan el establecimiento de un sistema uniforme de control y verificación.

Además, las comunidades locales y los pequeños productores enfrentan barreras económicas y burocráticas para cumplir con los requisitos legales, lo que limita su acceso a los mercados internacionales. En este sentido, existen oportunidades para mejorar la legislación mediante la creación de incentivos económicos para los productores, el apoyo a la certificación de productos sostenibles y el fortalecimiento de los sistemas de monitoreo y verificación. La cooperación entre gobiernos, organizaciones no gubernamentales y empresas privadas puede ser clave para superar estos desafíos y lograr una gestión sostenible de los PFNM.

Los productos forestales no maderables representan una valiosa oportunidad para el desarrollo económico sostenible de las comunidades rurales y la conservación de los recursos forestales. La legislación actual ha avanzado en el establecimiento de normas para proteger estos recursos, pero enfrenta desafíos en cuanto a su implementación efectiva y la aceptación de los actores involucrados.

Para alcanzar un equilibrio entre el desarrollo económico y la conservación ambiental, es fundamental fortalecer las normativas locales e internacionales y fomentar la capacitación de los actores en la cadena de valor de los PFNM. Asimismo, la creación de incentivos y la promoción de certificaciones de sostenibilidad pueden mejorar la legalidad y trazabilidad de los productos, beneficiando tanto a las comunidades locales como al medio ambiente.

Capítulo II. Tesoro botánico de Esmeraldas: 100 especies forestales con usos no maderables

La provincia de Esmeraldas se distingue por su vasta riqueza forestal y biodiversidad, albergando una de las mayores concentraciones de recursos naturales en el país. Dentro de sus ecosistemas, los productos forestales no maderables (PFNM) representan un componente esencial tanto para la economía local como para la conservación del entorno natural. Estos productos, que incluyen frutas, semillas, resinas, fibras, hojas y plantas medicinales, desempeñan un papel fundamental en la subsistencia de comunidades rurales, al tiempo que promueven prácticas de manejo sostenible que no comprometen la integridad de los bosques. Por su valor ecológico, social y económico, el estudio y aprovechamiento de los PFNM es prioritario en la estrategia de desarrollo sostenible de la región.

Para llevar a cabo el trabajo, se realizó un estudio de campo en 57 parroquias rurales de la provincia de Esmeraldas, Ecuador. Se aplicó una metodología cualitativa mediante entrevistas semiestructuradas a pobladores locales y a informantes clave con amplio conocimiento sobre los productos forestales no maderables. Las entrevistas se complementaron con observación directa, donde se identificaron, documentaron y clasificaron las especies vegetales utilizadas. Para asegurar la precisión y diversidad de los datos, se seleccionaron participantes con experiencia comprobada en el manejo de los PFNM, tales como agricultores, recolectores y artesanos de la región.

Adicionalmente, se realizaron talleres participativos para profundizar en la comprensión del uso, manejo y valor económico de los productos forestales no maderables. Los testimonios y experiencias recopilados fueron registrados en diarios de campo y posteriormente analizados mediante un enfoque de categorización temática. La información fue contrastada con estudios previos sobre la biodiversidad de la región, a fin de validar y ampliar los resultados. Los datos obtenidos fueron sistematizados, permitiendo una caracterización detallada de las especies y sus usos no maderables.

A continuación, se presenta información detallada acerca de 100 especies forestales presentes en la provincia de Esmeraldas empleados como PFNM. Para cada especie se describen las principales características, tales como: familia botánica, nombre científico y común, descripción botánica, distribución geográfica, usos tradicionales y comerciales, estado de conservación, así como material fotográfico de la especie. Con esta información, se busca fomentar un mayor conocimiento sobre la diversidad de los RFNM, resaltando la importancia de su protección para garantizar la sostenibilidad ambiental y el bienestar de las comunidades locales.

Familia Acanthaceae

Nombre científico: Trichantera gigantea

Nombre común: Nacedera

Descripción botánica: arbusto de cuatro metros de altura, con tallo leñoso. Presenta hojas simples, alternas y ligeramente pilosas, y flores de color púrpura agrupadas en pequeños racimos.

Distribución geográfica: se encuentra en zonas tropicales y subtropicales de la costa ecuatoriana, especialmente en áreas perturbadas de bosques y como delimitación de fincas.

Usos: se utiliza como cerca viva. Sus hojas se emplean para la limpieza del útero después del parto, y el tallo se usa en el tratamiento de enfermedades renales.

Estado de conservación: no presenta problemas de conservación.

Familia Anacardiaceae

Nombre científico: Anacardium excelsum

Nombre común: Caracolí

Descripción botánica: árbol que puede alcanzar hasta 25 metros de altura. Presenta hojas simples y alternas, las cuales, en su etapa juvenil, exhiben un característico color verde caña. Sus flores, de tonalidad verde pálido a blanco, se agrupan en panículas. El fruto es una drupa pequeña.

Distribución geográfica: se encuentra en zonas tropicales y subtropicales de la costa ecuatoriana, común en bosques húmedos primarios y secundarios, así como a lo largo de la ribera de ríos y riachuelos.

Usos: las hojas se utilizan en el tratamiento de enfermedades de la piel, y su madera es empleada en la construcción de viviendas.

Estado de conservación: presenta problemas de conservación debido a la deforestación del bosque.

*Nombre científico: **Mangifera indica***

Nombre común: Mango

Descripción botánica: árbol perenne que puede alcanzar hasta 30 metros de altura. Presenta hojas simples, alternas y lanceoladas; sus flores, de pequeño tamaño y color amarillento, se agrupan en racimos. El fruto es drupáceo, grande, carnoso y de sabor dulce.

Distribución geográfica: se encuentra en zonas cálidas y húmedas de la costa ecuatoriana, especialmente en áreas perturbadas de bosques, fincas y potreros.

Usos: el fruto es comestible y ampliamente consumido, además de ser utilizado en la industria alimentaria para la elaboración de jugos, mermeladas y productos deshidratados. Las hojas y la corteza se emplean en el tratamiento de diarreas, infecciones respiratorias y en el control de la presión arterial.

Estado de conservación: no presenta problemas de conservación.

Nombre científico: Spondias purpura

Nombre común: Obo

Descripción botánica: árbol de tallo leñoso que puede superar los cinco metros de altura. Posee hojas compuestas imparipinnadas, flores pequeñas con pétalos de color púrpura, y un fruto drupáceo que adquiere un tono púrpura al madurar.

Distribución geográfica: se encuentra en zonas tropicales y subtropicales de la costa ecuatoriana, común en áreas perturbadas y como cerca viva delimitando potreros y fincas.

Usos: el árbol se emplea como cerca viva. Sus frutos son comestibles y se utilizan en la elaboración de conservas. Las hojas se emplean en el tratamiento de enfermedades tradicionales.

Estado de conservación: no presenta problemas de conservación.

*Nombre científico: **Spondias mombim***

Nombre común: Obo de monte

Descripción botánica: árbol que puede alcanzar más de 15 metros de altura. Posee hojas compuestas, pinnadas y alternas; al triturar sus foliolos se desprende un olor agradable. Sus flores, de pequeño tamaño, se agrupan en racimos, y el fruto es globoso, conteniendo una única semilla.

Distribución geográfica: se encuentra en zonas tropicales y subtropicales de la costa ecuatoriana, común en bosques alterados, caminos y sitios abandonados.

Usos: los frutos se utilizan para la alimentación animal y en la elaboración de mermeladas.

Estado de conservación: presenta problemas de conservación debido a la deforestación del bosque.

Familia Annonaceae

Nombre científico: Rollinia mucosa

Nombre común: Chirimoya

Descripción botánica: árbol que puede alcanzar hasta diez metros de altura. Posee hojas simples y alternas de forma oblonga. Produce flores solitarias de color amarillo y frutos globosos con pulpa comestible.

Distribución geográfica: se encuentra en zonas tropicales y subtropicales de la costa ecuatoriana.

Usos: el fruto es comestible y se utiliza en la preparación de jugos y postres. Su pulpa tiene propiedades digestivas.

Estado de conservación: no presenta problemas de conservación.

Nombre científico: Annona muricata

Nombre común: Guanábana

Descripción botánica: árbol de tamaño pequeño a mediano que puede alcanzar hasta 10 metros de altura. Posee hojas simples, alternas y de color verde oscuro; las flores son grandes y de tonalidad verde-amarillenta, y el fruto es grande, presenta protuberancias o espinas, y tiene una pulpa blanca y cremosa.

Distribución geográfica: se encuentra en zonas tropicales y subtropicales de la costa ecuatoriana, especialmente en sitios perturbados del bosque y en áreas cultivadas.

Usos: el fruto es comestible y ampliamente consumido en jugos y postres. Las hojas se emplean en el tratamiento de infecciones, problemas digestivos y como regulador de los niveles de glucosa.

Estado de conservación: no presenta problemas de conservación.

Familia Araceae

Nombre científico: Zantoxoma sanguitifolia

Nombre común: Camacho

Descripción botánica: planta herbácea que puede alcanzar hasta dos metros de altura. Posee hojas grandes, simples y alternas, flores grandes de color blanquecino y frutos globosos.

Distribución geográfica: se encuentra en zonas tropicales y subtropicales, presentes en bosques alterados, quebradas, bordes de ríos y sitios inundados.

Usos: el exudado de las hojas y tallos se emplea en el tratamiento de enfermedades de la piel.

Estado de conservación: no presenta problemas de conservación.

Nombre científico: Jessenia bataua

Nombre común: Chapil

Descripción botánica: palmera que puede alcanzar hasta ocho metros de altura. Posee hojas compuestas de tipo pinnado, con folíolos largos de bordes enteros, dispuestos de forma alterna. Sus flores, de pequeño tamaño y color amarillento, se agrupan en racimos, y el fruto es alargado, conteniendo una única semilla en su interior.

Distribución geográfica: se encuentra en zonas tropicales y subtropicales, principalmente en bosques primarios y en sectores poco alterados.

Usos: los frutos son comestibles tanto para los seres humanos como para la fauna local. Además, la especie se emplea en la elaboración de artesanías.

Estado de conservación: presenta problemas de conservación por la pérdida del bosque.

Familia Arecaceae

Nombre científico: Bactris gasipaes

Nombre común: Chontaduro

Descripción botánica: palmera que puede alcanzar hasta 20 metros de altura. Posee hojas pinnadas y largas. Sus frutos, de forma redondeada, son comestibles y presentan tonalidades que varían entre naranja y rojo.

Distribución geográfica: se encuentra en zonas tropicales del oriente y la costa ecuatoriana, especialmente en bosques intervenidos y áreas cultivadas.

Usos: el fruto es comestible y se utiliza en la alimentación como suplemento energético y para mejorar la digestión.

Estado de conservación: presenta problemas de conservación debido a la incidencia de plagas.

Nombre científico: Bactris coloradoni

Nombre común: Chontilla

Descripción botánica: palmera de aproximadamente cinco metros de altura, con hojas compuestas y pinnadas, cuyos bordes presentan espinas. Produce flores pequeñas de color blanquecino, agrupadas en racimos, y frutos globosos que se tornan amarillos o rojos al madurar.

Distribución geográfica: se encuentra en zonas tropicales y subtropicales, en áreas abandonadas, perturbadas y en sectores cultivados.

Usos: los frutos son comestibles y consumidos de forma natural por la fauna local. Sin embargo, para el consumo humano deben ser cocidos y utilizados como complemento en la alimentación.

Estado de conservación: presenta problemas de conservación debido a la deforestación del bosque.

Nombre científico: Astrocaryum standleyanum

Nombre común: Mocora o Güinul

Descripción botánica: palmera que puede alcanzar hasta 20 metros de altura, con hojas pinnadas y alargadas. El tronco está cubierto por espinas largas y negras. Produce frutos redondeados, con una pulpa fibrosa que rodea una semilla dura.

Distribución geográfica: se encuentra en zonas tropicales de la costa ecuatoriana, especialmente en sitios perturbados del bosque y en áreas cultivadas.

Usos: los frutos se emplean en el tratamiento de infecciones y para fortalecer el sistema inmunológico. Las fibras se utilizan en la elaboración de diversas artesanías, como petates y cestas.

Estado de conservación: presenta problemas de conservación. Se considera vulnerable debido a la sobreexplotación de las hojas y la deforestación del bosque.

Nombre científico: Attalea butyracea

Nombre común: Palma real

Descripción botánica: palmera de hasta 25 metros de altura, con un estipe robusto y hojas pinnadas, largas y arqueadas. Sus frutos son grandes y de color marrón, conteniendo semillas oleaginosas con arilo.

Distribución geográfica: se encuentra en zonas tropicales de la Amazonía y la costa ecuatoriana, principalmente en áreas perturbadas de bosques, pastizales y sitios cultivados.

Usos: los frutos son comestibles y se utilizan para la extracción de aceite. Las hojas se emplean en la construcción de techos y en el tratamiento de infecciones y dolores articulares.

Estado de conservación: no presenta problemas de conservación.

Nombre científico: Euterpes oleracea

Nombre común: Palmicha

Descripción botánica: planta de aproximadamente cinco metros de altura, con un estipe delgado y hojas de tamaño mediano, pinnadas. Produce flores agrupadas en racimos y un fruto en forma de drupa que contiene una semilla.

Distribución geográfica: se encuentra en zonas húmedas tropicales de la costa y la Amazonía ecuatoriana, ampliamente distribuida en bosques húmedos, preferentemente en áreas anegadas.

Usos: la parte tierna del estipe es comestible y se conoce como palmito. Los frutos se utilizan para la elaboración de una bebida apreciada en las zonas rurales.

Estado de conservación: presenta problemas de conservación debido a la deforestación del bosque.

Nombre científico: Hiriartea deltoide

Nombre común: Pambil

Descripción botánica: palmera con un estipe que supera los 18 metros de altura. Posee hojas compuestas, de forma pinada, cuyos folíolos presentan bordes dentados. Las flores, de pequeño tamaño, se agrupan en racimos, y los frutos son globosos.

Distribución geográfica: se encuentra en zonas tropicales y subtropicales, presente en bosques húmedos, tanto primarios como ligeramente alterados.

Usos: las hojas se utilizan para el techado de casas, mientras que el estipe es empleado en la construcción de parques. Ambas partes tienen un uso asociado a creencias tradicionales. Además, se emplea en la elaboración de artesanías.

Estado de conservación: presenta problemas de conservación debido a la deforestación del bosque.

Nombre científico: Phytelephas aecuatorialis

Nombre común: Tagua

Descripción botánica: árbol de cinco metros, con tallo áspero y hojas compuestas pinnadas de gran tamaño. Los frutos se presentan en forma de cápsula y contienen múltiples semillas, redondeadas o elípticas, en cuyo interior se encuentra marfil vegetal.

Distribución geográfica: se encuentra en los bosques secos y húmedos de la costa ecuatoriana, común en áreas alteradas del bosque y en fincas como parte de sistemas agroforestales.

Usos: las semillas son comestibles; cuando están tiernas se conocen como *mococha*, y al madurar se recolectan para la elaboración de artesanías. Las hojas se emplean como material de techado en zonas rurales y en cabañas ecológicas.

Estado de conservación: no presenta problemas de conservación.

Familia Asteraceae

Nombre científico: Tessaria integrifolia

Nombre común: Álamo

Descripción botánica: árbol de más de cinco metros de altura. Posee hojas simples y alternas, que presentan un envés de color blanquecino y un aroma agradable. Las flores son pequeñas, con pétalos de color blanco, y se agrupan en racimos.

Distribución geográfica: se encuentra en zonas tropicales y subtropicales de la costa, en el oriente ecuatoriano y en parte del callejón interandino, especialmente en nacimientos y riberas de los ríos.

Usos: las hojas se emplean en el tratamiento de desórdenes menstruales.

Estado de conservación: no presenta problemas de conservación.

Familia Bignoniaceae

Nombre científico: Jacaranda espinosa

Nombre común: Garza

Descripción botánica: árbol que puede alcanzar más de quince metros de altura. Posee hojas compuestas y opuestas. Sus flores, de color azulado, se agrupan en racimos, y los frutos son cápsulas alargadas que contienen varias semillas aladas.

Distribución geográfica: se encuentra en zonas tropicales y subtropicales, presente en bosques húmedos, áreas alteradas, cercas vivas, rastrojos y sitios perturbados.

Usos: el tallo contiene fibras alargadas utilizadas para la obtención de pulpa y papel. Su madera se emplea en la elaboración de contrachapado.

Estado de conservación: no presenta problemas de conservación.

Nombre científico: Handroanthus chrysanthus

Nombre común: Guayacán amarillo

Descripción botánica: árbol de tamaño mediano a grande que puede alcanzar hasta 30 metros de altura. Posee hojas palmadamente compuestas y grandes flores tubulares de color amarillo brillante. Produce frutos en forma de cápsulas largas y leñosas.

Distribución geográfica: se encuentra en zonas secas y tropicales de la costa ecuatoriana, presente en bosques alterados.

Usos: la corteza se utiliza en el tratamiento de infecciones e inflamaciones. Las hojas se emplean para tratar golpes. Su madera, apreciada por su dureza y durabilidad, es utilizada en la construcción de muebles y estructuras.

Estado de conservación: presenta problemas de conservación debido a la deforestación del bosque.

Nombre científico: Mansoa alliacea

Nombre común: Bejuco de ajo

Descripción botánica: liana de tallo leñoso con hojas compuestas formadas por dos folíolos con ápices alargados. Posee glándulas en el haz y en el envés que, que emanan un olor fuerte similar al del ajo. La flor de color lila agrupadas en racimos. El fruto es una cápsula alargada que contiene varias semillas.

Distribución geográfica: se encuentra en zonas tropicales y subtropicales de la costa ecuatoriana, principalmente en bosques alterados y a lo largo de caminos.

Usos: las hojas se emplean como alternativa al ajo en la cocina y en el tratamiento de afecciones respiratorias.

Estado de conservación: presenta problemas de conservación por la explotación del bosque.

Nombre científico: Mansoa himenaea

Nombre común: Liana ajo

Descripción botánica: liana de tallo leñoso con hojas compuestas formadas por dos folíolos con ápices alargados. Posee glándulas en el haz y en el envés que, al ser exprimidas, emanan un olor fuerte similar al del ajo, de donde proviene su nombre. La flor es de color lila agrupadas en racimos. El fruto es una cápsula alargada que contiene varias semillas.

Distribución geográfica: se encuentra en zonas tropicales y subtropicales de la costa ecuatoriana, principalmente en bosques alterados y a lo largo de caminos.

Usos: las hojas se utilizan como sustituto del ajo en la cocina y en el tratamiento de enfermedades del sistema respiratorio.

Estado de conservación: presenta problemas de conservación por la explotación del bosque.

Nombre científico: Crescentia cujete

Nombre común: Mate

Descripción botánica: árbol de tamaño pequeño a mediano que puede alcanzar hasta 10 metros de altura. Posee hojas simples, oblongas y de color verde brillante. Produce flores solitarias, de tonalidades verde o blanco, y sus frutos son grandes, esféricos y leñosos.

Distribución geográfica: se encuentra en zonas tropicales de la costa ecuatoriana, común en potreros y bosques alterados.

Usos: los frutos se utilizan para la elaboración de recipientes, tazones y artesanías, además de emplearse en el tratamiento de problemas respiratorios y como diurético. La jalea de mate es consumida para la eliminación de quistes. Las hojas se emplean para contrarrestar la acidez estomacal.

Estado de conservación: no presenta problemas de conservación.

Familia Bixaceae

Nombre científico: Bixa Orellana

Nombre común: Achiote

Descripción botánica: árbol de hasta cinco metros de altura, con tallo leñoso y hojas simples, alternas. Produce flores de tonalidad blanquecina, agrupadas en racimos, y un fruto en forma de cápsula de dos válvulas que contiene varias semillas de color rojizo.

Distribución geográfica: se encuentra en zonas tropicales y subtropicales de la costa ecuatoriana, en sitios alterados, áreas cultivadas y patios abandonados.

Uso: los frutos se emplean como colorante y condimento alimenticio. Las hojas se utilizan en el tratamiento de la erisipela.

Estado de conservación: no presenta problemas de conservación.

Familia Boraginaceae

Nombre científico: Cordia alliodora

Nombre común: Laurel

Descripción botánica: árbol que puede crecer hasta 30 metros de altura. Posee hojas simples, alternas y de forma elíptica, con textura algo áspera tanto en el haz como en el envés. Produce flores pequeñas, de color blanco, dispuestas en panículas.

Distribución geográfica: se encuentra en zonas tropicales de la costa ecuatoriana, común en bosques alterados.

Usos: las hojas se emplean en el tratamiento de infecciones respiratorias. Las flores, de carácter melífero, son utilizadas en la producción de miel y polen. Su madera es apreciada en la construcción de muebles y en la carpintería en general.

Estado de conservación: no presenta problemas de conservación.

Nombre científico: Cordia hebeclado

Nombre común: Muyuyo

Descripción botánica: arbusto que puede alcanzar hasta cuatro metros de altura. Posee hojas simples y alternas, ásperas tanto en el haz como en el envés. Produce frutos globosos que adquieren un tono blanquecino al madurar.

Distribución geográfica: se encuentra en zonas tropicales de la costa ecuatoriana, principalmente en bosques alterados.

Usos: los frutos se utilizan para la obtención de goma empleada como pegamento. El tallo se aprovecha como leña y en la producción de carbón.

Estado de conservación: no presenta problemas de conservación.

Familia Bromeliaceae

Nombre científico: Aemmea magdalenae

Nombre común: Cabuya

Descripción botánica: planta herbácea perenne que puede alcanzar hasta dos metros de altura. Posee hojas grandes con bordes espinosos y flores pequeñas. Los frutos se agrupan formando una infrutescencia con apariencia de piña.

Distribución geográfica: se encuentra en zonas tropicales y subtropicales de la costa ecuatoriana, común en sitios alterados y húmedos.

Usos: las hojas se utilizan para la extracción de fibras y la elaboración de artesanías. El fruto es comestible.

Estado de conservación: presenta problemas de conservación debido a la deforestación del bosque.

Familia Caricaceae

Nombre científico: Carica papaya

Nombre común: Papaya de mono

Descripción botánica: planta de tallo herbáceo que puede alcanzar hasta cinco metros de altura. Posee hojas simples, palmeadas y de gran tamaño, y sus flores son de tonalidades blancas o amarillentas. El fruto es grande, de color naranja, con pulpa dulce y numerosas semillas negras en su interior.

Distribución geográfica: se encuentra en zonas tropicales y subtropicales de la costa ecuatoriana, común en sitios intervenidos, caminos y áreas cultivadas.

Usos: el fruto se utiliza en la alimentación. El látex se emplea para ablandar carnes. Las semillas poseen propiedades antiparasitarias y digestivas.

Estado de conservación: no presenta problemas de conservación.

Familia Cecropiaceae

Nombre científico: Cecropia peltata

Nombre común: Yarumo

Descripción botánica: árbol de más de ocho metros de altura, con tallo leñoso que presenta anillos vistosos a lo largo del mismo. Posee hojas simples y alternas de apariencia palmati-compuesta, y sus flores pequeñas se agrupan en espigas.

Distribución geográfica: se encuentra en zonas húmedas de la costa ecuatoriana, especialmente en sitios muy húmedos, cerca de fuentes de agua, en áreas alteradas del bosque y en humedales.

Usos: las flores se emplean en el tratamiento del asma. El tallo se utiliza como leña.

Estado de conservación: no presenta problemas de conservación.

Familia Combretaceae

Nombre científico: Terminalia amazónica

Nombre común: Roble

Descripción botánica: árbol que puede superar los veinte metros de altura. Posee hojas simples y opuestas, flores de color azulado que se agrupan en racimos, y frutos en forma de cápsulas alargadas que contienen varias semillas aladas.

Distribución geográfica: se encuentra en zonas tropicales y subtropicales, presente en bosques húmedos, cercas vivas, rastrojos y sitios alterados.

Usos: el tallo contiene fibras largas utilizadas en la elaboración de pulpa y papel. Además, su madera se emplea en la fabricación de toneles para el añejamiento de bebidas alcohólicas y en la construcción de viviendas.

Estado de conservación: no presenta problemas de conservación.

Familia Compositae

Nombre científico: Vernonia baccharoides

Nombre común: Chilca

Descripción botánica: árbol de más de seis metros de altura, con tallo leñoso que presenta un centro algo esponjoso. Posee hojas simples y alternas. Las flores, de color blanquecino, se agrupan en panículas, y sus frutos son pequeños aquenios.

Distribución geográfica: se encuentra en zonas tropicales y subtropicales de la costa ecuatoriana, en sitios alterados, bosques secundarios iniciales y, en menor medida, en bosques secundarios tardíos.

Uso: las hojas se emplean para estimular el crecimiento del cabello.

Estado de conservación: no presenta problemas de conservación.

Nombre científico: Vernonia sp

Nombre común: Salva real

Descripción botánica: arbusto de más de dos metros de altura, con hojas simples y alternas de color verde caña. Sus flores, de tonalidad blanquecina, se agrupan en pequeñas cabezuelas.

Distribución geográfica: encuentra en zonas tropicales y subtropicales de la costa ecuatoriana, en sitios alterados, riberas de ríos y sectores inundables.

Uso: hojas se emplean para el tratamiento de inflamaciones y golpes.

Estado de conservación: no presenta problemas de conservación.

Familia Cychlantaceae

Nombre científico: Calatea lutea

Nombre común: Hoja blanca

Descripción botánica: planta herbácea con hojas simples y alternas, cuyo haz es de color verde y presenta un polvo blanquecino. Las flores, de pequeño tamaño y con pétalos amarillos, se agrupan en la base de las hojas. Los frutos son pequeños.

Distribución geográfica: se encuentra en zonas tropicales y subtropicales de la costa ecuatoriana, común en cultivos, sitios abandonados de sectores húmedos y bosques alterados.

Usos: las hojas se emplean para el techado y como base en la elaboración de hayacas y tamales. La raíz se utiliza en el tratamiento de enfermedades hepáticas.

Estado de conservación: no presenta problemas de conservación.

Nombre científico: Carludovica palmata

Nombre común: Toquilla o Rampira

Descripción botánica: palmera de estipe pequeño, con hojas simples y alternas de forma similar a un paraguas. Las flores, de color amarillento, se agrupan en amentos, y los frutos se disponen en infrutescencias longitudinales.

Distribución geográfica: se encuentra en zonas tropicales y subtropicales de la costa ecuatoriana, presente en bosques secundarios y jardines.

Usos: las hojas se emplean en la construcción de techos. Las flores y raíces se utilizan en el tratamiento de infecciones urinarias, cálculos renales y problemas de inflamación en las vías urinarias.

Estado de conservación: no presenta problemas de conservación.

Familia Elaeocarpaceae

Nombre científico: Muntingia calabura

Nombre común: Nigüito

Descripción botánica: árbol de más de ocho metros de altura, con hojas simples, alternas, pilosas y de borde entero. Produce flores pequeñas de color blanco y frutos globosos que contienen numerosas semillas pequeñas en su interior.

Distribución geográfica: se encuentra en zonas tropicales y subtropicales de la costa ecuatoriana, común en bosques alterados, caminos y sitios abandonados.

Usos: de la corteza se obtienen fibras utilizadas para amarraduras de productos. Los frutos son comestibles tanto para los seres humanos como para la fauna local.

Estado de conservación: no presenta problemas para la conservación.

Familia Euphorbiaceae

Nombre científico: Croton fraseri

Nombre común: Chala

Descripción botánica: arbusto que puede alcanzar hasta cuatro metros de altura, con hojas simples y alternas, algo pilosas en el haz y en el envés. Produce flores agrupadas en racimos, con ejemplares masculinos y femeninos, y frutos pequeños que contienen tres o cuatro semillas.

Distribución geográfica: se encuentra en zonas tropicales y subtropicales de la costa ecuatoriana, común en bosques secos, caminos, sitios abandonados y potreros.

Usos: la corteza se emplea en el curtido de cueros, proporcionando un tono rosado al producto final.

Estado de conservación: no presenta problemas de conservación.

Nombre científico: Ricinus conmunis

Nombre común: Higuerilla

Descripción botánica: planta de tallo semileñoso que puede alcanzar hasta tres metros de altura. Posee hojas grandes, simples y alternas, y produce flores de color amarillento, agrupadas en racimos. Sus frutos son cápsulas medianas que contienen tres o cuatro semillas grandes.

Distribución geográfica: se encuentra en zonas tropicales y subtropicales, presente en bosques húmedos y secos, áreas alteradas, cercanías de vías, rastrojos y áreas cultivadas.

Usos: de las semillas se extrae aceite de resino, utilizado en la elaboración de jabones.

Estado de conservación: no presenta problemas de conservación.

Nombre científico: Jatropha curcas

Nombre común: Piñón

Descripción botánica: arbusto grande que puede alcanzar hasta seis metros de altura. Posee hojas palmeadas con borde dentado, flores pequeñas de color amarillo verdoso y frutos en forma de cápsulas que contienen semillas oleaginosas.

Distribución geográfica: se encuentra en zonas tropicales y secas de la costa ecuatoriana, común en bosques secos.

Usos: las semillas se utilizan en la producción de biodiésel. Las hojas se emplean en el tratamiento de infecciones cutáneas y como purgante. El tallo se usa con fines diuréticos.

Estado de conservación: no presenta problemas de conservación.

Familia Fabaceae

Nombre científico: Brownea herthae

Nombre común: Clavellín

Descripción botánica: árbol que puede alcanzar hasta 20 metros de altura. Posee hojas compuestas, pinnadas y alternas, que en su estado tierno forman penachos de hojas nuevas que asemejan flores. Produce flores de color rojo, agrupadas en grandes racimos, y frutos en forma de vaina aplanada que contienen semillas redondeadas.

Distribución geográfica: se encuentra en zonas tropicales y subtropicales, común en bosques húmedos, tanto primarios como secundarios.

Usos: es una especie utilizada para ornamentación. Las semillas se emplean en la elaboración de artesanías. Su madera se utiliza en la construcción de casas, ebanistería, así como para leña y producción de carbón.

Estado de conservación: presenta problemas de conservación debido a la pérdida del bosque.

Nombre científico: Prosopis juliflora

Nombre común: Algarrobo

Descripción botánica: árbol que puede alcanzar hasta ocho metros de altura. Posee hojas compuestas bipinnadas y flores pequeñas de color amarillo, agrupadas en racimos. El fruto es una vaina alargada y curvada.

Distribución geográfica: se encuentra en zonas secas de la costa ecuatoriana, común cerca de caminos y en áreas perturbadas.

Usos: las vainas se utilizan en la alimentación animal y como endulzante en la cocina. También se emplea en el tratamiento de infecciones respiratorias y problemas digestivos. Su madera se usa como leña y en la producción de carbón.

Estado de conservación: presenta problemas de conservación debido a la pérdida del bosque

Nombre científico: Inga espectabilis

Nombre común: Guaba machetona

Descripción botánica: árbol que puede alcanzar hasta 18 metros de altura. Posee hojas compuestas, pinadas y alternas, con cuatro a seis pares de folíolos. Produce flores blancas en racimos y frutos en forma de vainas aplanadas, con pulpa.

Distribución geográfica: se encuentra en la costa y Amazonía ecuatoriana. Distribuida en zonas disturbadas, en claros de bosques húmedos, cultivada en fincas y potreros.

Usos: el fruto es comestible para humanos y animales. Las hojas se utilizan en el tratamiento de infecciones cutáneas. Su madera es empleada en carpintería ligera.

Estado de conservación: no presenta problemas de conservación.

Nombre científico: Leucaena leucocephala

Nombre común: Leucaena

Descripción botánica: árbol que puede alcanzar hasta seis metros de altura. Posee hojas compuestas, bipinnadas y alternas. Las flores, de color blanco, se agrupan en cabezuelas, y el fruto es una vaina aplanada que contiene varias semillas.

Distribución geográfica: se encuentra en zonas tropicales y subtropicales de la costa y el oriente ecuatoriano, común en sitios perturbados y potreros.

Usos: las hojas se emplean como alimento para el ganado. El tronco se utiliza para la obtención de leña y carbón vegetal. Las semillas se utilizan en la elaboración de artesanías.

Estado de conservación: no presenta problemas de conservación.

Nombre científico: Cassia reticulata

Nombre común: Martín Gálvez

Descripción botánica: arbusto que puede alcanzar hasta tres metros de altura. Posee hojas compuestas, pinnadas y alternas. Sus flores, de color amarillo, se agrupan en racimos, y el fruto es una vaina aplanada que contiene varias semillas.

Distribución geográfica: se encuentra en zonas tropicales y subtropicales de la costa ecuatoriana, distribuida en áreas cercanas a ríos, fincas abandonadas y bosques secundarios.

Usos: las hojas se emplean en el tratamiento de enfermedades cutáneas y afecciones del colon.

Estado de conservación: no presenta problemas de conservación.

Nombre científico: Pterocarpus sp

Nombre común: Sangre de grado

Descripción botánica: árbol de más de 15 metros de altura. Posee hojas compuestas, dispuestas de manera alterna. Las flores, de pequeño tamaño y con pétalos de color amarillo intenso, se agrupan en racimos; el fruto tiene forma de vaina circular.

Distribución geográfica: se encuentra en regiones tropicales de la costa ecuatoriana, presente en zonas alteradas de bosques secos y húmedos.

Usos: sus flores son altamente productoras de néctar, por lo que se utilizan en el establecimiento de colmenares. Además, su madera es empleada en la construcción de casas.

Estado de conservación: presenta problemas de conservación debido a la deforestación del bosque.

Familia Heliconiaceae

Nombre científico: Heliconia bijaii

Nombre común: Platanillo o Heliconia

Descripción botánica: planta herbácea que alcanza los dos metros de altura, con un tallo liso. Presenta hojas simples, alternas y de gran tamaño. Sus flores, de tamaño mediano, tienen pétalos de color amarillo, y el fruto es una pequeña drupa que contiene pocas semillas.

Distribución geográfica: se encuentra en zonas tropicales y subtropicales de la costa ecuatoriana, especialmente en sectores húmedos, riberas de ríos y sitios abandonados.

Usos: las raíces se emplean en el tratamiento de enfermedades del sistema digestivo.

Estado de conservación: no presenta problemas de conservación.

Familia Lauraceae

Nombre científico: Persea americana

Nombre común: Aguacate o Palta

Descripción botánica: árbol que puede superar los 10 metros de altura. Posee hojas simples, lanceoladas y dispuestas de forma alterna. Produce flores pequeñas, de color blanquecino, agrupadas en racimos. El fruto es grande y contiene una única semilla en su interior.

Distribución geográfica: se encuentra en zonas tropicales y subtropicales, distribuido en fincas, potreros y sitios perturbados.

Usos: el fruto es comestible y se utiliza en la alimentación. Las hojas se emplean para tratar problemas digestivos y dolores de cabeza.

Estado de conservación: no presenta problemas de conservación.

Familia Lecythidaceae

Nombre científico: Gustavia augusta

Nombre común: Pacó

Descripción botánica: planta trepadora anual, con tallos delgados y hojas grandes de forma cordada. Produce flores de color amarillo y frutos alargados de color verde, conocidos como pepinos.

Distribución geográfica: se encuentra en zonas subtropicales y tropicales de la costa ecuatoriana, común en áreas boscosas húmedas.

Usos: el fruto es comestible y se utiliza en ensaladas, jugos y productos cosméticos. También se emplea para aliviar inflamaciones y como hidratante natural.

Estado de conservación: no presenta problemas de conservación.

Nombre científico: Eschweilera sp

Nombre común: Tete

Descripción botánica: árbol que puede alcanzar más de ocho metros de altura. Posee hojas simples y alternas, flores grandes con pétalos de color rosado, y un fruto en forma de cápsula que contiene cuatro o cinco semillas enteras.

Distribución geográfica: se encuentra en zonas tropicales y subtropicales, presente en bosques húmedos, tanto primarios como ligeramente alterados.

Usos: las fibras de la corteza se utilizan en la elaboración de artesanías y cabos para amarraduras. Su madera es empleada en la construcción de viviendas.

Estado de conservación: presenta problemas de conservación debido a la pérdida del bosque.

Nombre científico: Couropita gianence

Nombre común: Zapote de perro o Bala de cañón

Descripción botánica: árbol de más de 20 metros de altura, con hojas simples y alternas. Esta especie es cauliflora, ya que produce sus flores directamente en el tronco. Las flores, de tamaño mediano y con pétalos de color amarillo, se agrupan en racimos. El fruto es globoso y tiene forma de pelota, asemejándose a una bala de cañón.

Distribución geográfica: se encuentra en la costa y el oriente ecuatoriano, en zonas húmedas del bosque.

Usos: la corteza se emplea en el tratamiento de enfermedades del sistema respiratorio. Los frutos constituyen una fuente de alimento importante para la fauna local.

Estado de conservación: presenta problemas de conservación debido a la pérdida del bosque y no responde a la regeneración natural.

Nombre científico: Scwilera sp

Nombre común: Guasca

Descripción botánica: árbol de más de 20 metros de altura, con hojas simples y alternas. Las flores, de color amarillo, se agrupan en pequeños racimos, y el fruto es una cápsula que contiene pocas semillas.

Distribución geográfica: se encuentra en zonas húmedas de la costa ecuatoriana, principalmente en bosques húmedos y es poco frecuente en sitios cultivados.

Usos: los frutos son una fuente de alimento para diversas especies de la fauna local. De la corteza se extrae una fibra resistente utilizada para amarraduras. Su madera, apreciada por su dureza, se emplea en la construcción.

Estado de conservación: presenta problemas de conservación debido a la pérdida del bosque y no cuenta con regeneración natural.

Familia Malvaceae

Nombre científico: Gossypium arboreum

Nombre común: Algodón

Descripción botánica: arbusto de hasta tres metros de altura, de tallo leñoso, con hojas simples y alternas de forma ovalada y márgenes enteros. Presenta flores en forma de campana, de tonalidades blancas o rosadas, y frutos en forma de cápsula que se abren para liberar fibras y semillas.

Distribución geográfica: se encuentra en regiones de clima cálido en la zona costera del Ecuador, cultivada en áreas agrícolas y presente en ecosistemas de bosque secundario intervenido por la actividad humana.

Usos: las fibras del fruto se utilizan para elaborar hilos y tejidos. Las semillas se usan para la producción de aceite.

Estado de conservación: no presenta problemas de conservación.

Nombre científico: Ochroma pyramidale

Nombre común: Balsa

Descripción botánica: árbol que puede crecer hasta tres metros de altura. Posee hojas palmeadas y alternas, y produce flores grandes de color blanco o amarillo. El fruto es una cápsula que contiene semillas cubiertas de fibras blancas, similares al algodón.

Distribución geográfica: se encuentra en zonas cálidas de la costa ecuatoriana, cultivada en fincas y presente en bosques alterados.

Usos: las fibras se emplean en la fabricación textil. Las semillas y hojas se utilizan en el tratamiento de infecciones de la piel. El tallo se usa para la elaboración de artesanías.

Estado de conservación: no presenta problemas de conservación.

Nombre científico: Pseudobombax millei

Nombre común: Beldaco

Descripción botánica: árbol de más de 15 metros de altura. Posee hojas compuestas, alternas y digitadas, con márgenes enteros. Sus flores son grandes, con pétalos de color blanco, y sus frutos son globosos; en su interior, presentan lana que encierra varias semillas pequeñas.

Distribución geográfica: se encuentra en zonas tropicales y subtropicales de la costa ecuatoriana, común en sitios abandonados, caminos y claros en el bosque.

Usos: la corteza se utiliza en el tratamiento de enfermedades hepáticas y renales. Las fibras de los frutos se emplean para el relleno de colchones y almohadas.

Estado de conservación: no presenta problemas de conservación.

Nombre científico: Theobroma cacao

Nombre común: Cacao

Descripción botánica: árbol que puede alcanzar hasta ocho metros de altura. Posee hojas simples, alternas y de forma oblongo-elíptica. Produce flores pequeñas de tonalidad blanquecina y frutos en forma de baya (mazorca) que contienen semillas rodeadas de una pulpa blanca.

Distribución geográfica: se encuentra en regiones de la costa y la Amazonía ecuatoriana, presente en bosques húmedos y secos, y ampliamente cultivado en fincas.

Usos: las semillas se emplean en la producción de chocolate, manteca de cacao y otros derivados. El fruto posee propiedades antioxidantes y es utilizado en ceremonias tradicionales, así como en la elaboración de artesanías.

Estado de conservación: no presenta problemas de conservación.

Nombre científico: Herrania balanaense

Nombre común: Cacao de montaña

Descripción botánica: arbusto de hasta cuatro metros de altura, con hojas simples, alternas y de forma palmeada. Es una especie cauliflora, ya que sus flores se presentan a lo largo de toda la planta. El fruto es de tipo capsular, con aristas vistosas, y contiene numerosas semillas en su interior.

Distribución geográfica: se encuentra en zonas tropicales y subtropicales de la costa ecuatoriana, común en bosques alterados y a lo largo de caminos.

Usos: los frutos son comestibles tanto para los seres humanos como para la fauna local.

Estado de conservación: presenta problemas de conservación debido a la deforestación del bosque.

Nombre científico: Ceiba pentandra

Nombre común: Ceibo

Descripción botánica: árbol de gran tamaño que puede alcanzar hasta 70 metros de altura. Posee hojas palmaticompuestas y flores grandes, de color blanco o amarillo pálido. Produce frutos en forma de cápsulas leñosas, llenas de fibras.

Distribución geográfica: se encuentra en zonas tropicales de la costa ecuatoriana, común en áreas alteradas del bosque, potreros y fincas.

Usos: las fibras de los frutos se emplean para el relleno de colchones y almohadas. La corteza se utiliza como diurético y en el tratamiento de la fiebre. Su madera es empleada en carpintería, construcciones ligeras y la elaboración de artesanías.

Estado de conservación: presenta problemas de conservación debido a la deforestación del bosque.

Nombre científico: Guazuma ulmifolia

Nombre común: Guácimo

Descripción botánica: árbol de aproximadamente ocho metros de altura. Posee hojas simples, alternas y equiláteras. Sus flores son pequeñas, con pétalos de color rosado, y los frutos son globosos, con una cáscara leñosa que contiene numerosas semillas.

Distribución geográfica: se encuentra en zonas tropicales y subtropicales de la costa ecuatoriana, presente en sitios alterados, pastizales y como delimitación de potreros.

Usos: las semillas, en su forma natural, se emplean como alimento para animales, y hervidas se utilizan para limpiar el páncreas. La planta se usa como cerca viva y para proporcionar sombra en los potreros. Su tallo se aprovecha para la obtención de leña y carbón.

Estado de conservación: no presenta problemas de conservación.

Nombre científico: Tespecia purpurea

Nombre común: Majagua

Descripción botánica: arbusto que puede alcanzar hasta cuatro metros de altura, con corteza fibrosa. Posee hojas simples y alternas, y presenta flores de color amarillo y rojo. El fruto se forma en una cápsula.

Distribución geográfica: se encuentra en zonas tropicales de la costa ecuatoriana, principalmente en la desembocadura de los ríos.

Usos: de la corteza se extrae una fibra utilizada en la elaboración de artesanías y amarraduras. Las hojas se emplean para el tratamiento de dolores de cabeza.

Estado de conservación: presenta problemas de conservación debido a la deforestación del bosque.

Nombre científico: Malachra alceifolia

Nombre común: Malva

Descripción botánica: arbusto que puede superar los tres metros de altura. Posee hojas simples y alternas, flores grandes con pétalos de color amarillo, y frutos en forma de cápsulas.

Distribución geográfica: se encuentra en zonas tropicales y subtropicales, presente en bosques inundables, caminos y sitios alterados.

Usos: las hojas se emplean en lavados vaginales.

Estado de conservación: presenta problemas de conservación debido a la deforestación del bosque.

Familia Maraceae

Nombre científico: Brosimun utile

Nombre común: Sande

Descripción botánica: árbol de más de 20 metros de altura, con un tallo de corteza lisa que segrega látex. Posee hojas simples, alternas y con un haz lustroso. Las flores son pequeñas y de color amarillento, y los frutos, de forma globosa, contienen una sola semilla.

Distribución geográfica: se encuentra en zonas tropicales, preferentemente en suelos abandonados y áreas boscosas húmedas.

Usos: el látex se utiliza en el tratamiento de úlceras y alteraciones del sistema digestivo.

Estado de conservación: presenta problemas de conservación debido a la deforestación del bosque.

Familia Meliaceae

Nombre científico: Cedrela fissilis

Nombre común: Cedro

Descripción botánica: árbol que puede alcanzar hasta 30 metros de altura. Posee hojas compuestas e imparipinnadas, y flores pequeñas de color blanco o rosado.

Distribución geográfica: se encuentra en zonas tropicales de la costa y la Amazonía ecuatoriana, principalmente en riberas de ríos y áreas inundables.

Usos: la corteza se emplea en el tratamiento de enfermedades del sistema respiratorio. Las hojas y el tallo se utilizan para la extracción de esencias. Su madera es apreciada para la elaboración de instrumentos musicales, carpintería, ebanistería y adornos religiosos.

Estado de conservación: presenta problemas de conservación debido a la deforestación del bosque.

Nombre científico: Carapa guianense

Nombre común: Tangaré o Tangare

Descripción botánica: árbol de más de 20 metros de altura, con hojas compuestas, pinnadas y alternas. Produce flores blanquecinas que se agrupan en racimos, y frutos grandes divididos en tres o cuatro celdas, cada una conteniendo una semilla.

Distribución geográfica: se encuentra en zonas tropicales y subtropicales de la costa ecuatoriana, común en bosques húmedos y sitios inundables.

Usos: las semillas se utilizan para tratar problemas de ácaros. Su madera es empleada en la construcción de viviendas.

Estado de conservación: presenta problemas de conservación debido a la deforestación del bosque.

Familia Moraceae

Nombre científico: Castilla elastica

Nombre común: Caucho

Descripción botánica: árbol perenne que puede alcanzar hasta 15 metros de altura. Posee un tallo leñoso que, al cortarlo, secreta látex. Sus hojas son simples, alternas y de borde entero. Las flores, de pequeño tamaño, se agrupan en racimos pequeños. El fruto es una cápsula que adquiere un color zapote al madurar y contiene varias semillas.

Distribución geográfica: se encuentra en zonas tropicales y subtropicales de la costa ecuatoriana, ampliamente cultivado en áreas alteradas de bosques secos y húmedos.

Usos: el látex se emplea para la eliminación de abscesos y, una vez solidificado, se utiliza con diversos fines industriales.

Estado de conservación: no presenta problemas de conservación.

Nombre científico: Artocarpus altilis

Nombre común: Fruta de pan

Descripción botánica: árbol de más de diez metros de altura, con hojas simples, alternas y con grandes lóbulos. Produce flores agrupadas en inflorescencias terminales, acompañadas de brácteas de color púrpura. El fruto es comestible.

Distribución geográfica: se encuentra en zonas tropicales de la costa ecuatoriana, presente en bosques alterados, rastrojos y ampliamente cultivado en fincas.

Usos: el fruto se utiliza en la alimentación y en el tratamiento de problemas de colesterol. El látex se emplea para la eliminación de abscesos.

Estado de conservación: no presenta problemas de conservación.

Nombre científico: Pseuldolmedia egeersi

Nombre común: Guion

Descripción botánica: árbol de más de 15 metros de altura, con hojas simples, alternas, lampiñas y de borde entero. Produce flores pequeñas de color blanquecino y frutos globosos.

Distribución geográfica: se encuentra en zonas tropicales, presente en bosques primarios, secundarios y a lo largo de la ribera de los ríos.

Usos: el látex y las hojas se utilizan para el tratamiento de abscesos en la piel y en prácticas de carácter mítico. Su madera es empleada en la construcción de viviendas.

Estado de conservación: presenta problemas de conservación debido a la deforestación del bosque.

Nombre científico: Ficus insipida

Nombre común: Higuerón de rio

Descripción botánica: árbol grande que puede alcanzar hasta 40 metros de altura. Posee hojas simples, alternas y de gran tamaño, y produce frutos pequeños y globosos.

Distribución geográfica: se encuentra en zonas tropicales y subtropicales de la costa ecuatoriana, presente en riberas de ríos, esteros y bosques.

Usos: el látex se utiliza en el tratamiento de heridas y úlceras. La corteza se emplea como remedio antiséptico. Los frutos son una fuente de alimento para la fauna local.

Estado de conservación: presenta problemas de conservación debido a la deforestación del bosque.

Nombre científico: Ficus maxima

Nombre común: Higuerón polo

Descripción botánica: árbol que puede alcanzar hasta 30 metros de altura, con una copa amplia y hojas simples de gran tamaño, con forma elíptica. Produce frutos pequeños, semejantes a los higos.

Distribución geográfica: se encuentra en zonas húmedas de la costa ecuatoriana, especialmente en nacimientos, riberas y quebradas de los ríos.

Usos: los frutos son comestibles para la fauna local. El látex se utiliza como laxante. La corteza se emplea en el tratamiento de infecciones de la piel. Su madera es utilizada en diversos tipos de construcciones.

Estado de conservación: presenta problemas de conservación debido a la deforestación del bosque.

Nombre científico: Maclura tinctorea

Nombre común: Moral fino

Descripción botánica: árbol de más de 15 metros de altura. Posee hojas simples y alternas, con borde aserrado. Al ser dioico, las flores se presentan en árboles distintos. El fruto es una baya que contiene numerosas semillas en su interior.

Distribución geográfica: se encuentra en zonas tropicales y subtropicales de la costa ecuatoriana, presente en bosques primarios, secundarios y en sitios cultivados.

Usos: el látex se emplea para la eliminación de abscesos en la piel. Su madera es utilizada en la construcción.

Estado de conservación: presenta problemas de conservación debido a la deforestación del bosque.

*Nombre científico: **Bosimum alicastrum***

Nombre común: Tillo

Nombre común: Guayaba

Descripción botánica: árbol que puede alcanzar hasta 30 metros de altura. Posee hojas simples y alternas de color verde oscuro, flores pequeñas que se agrupan en racimos, y frutos que son pequeñas drupas comestibles.

Distribución geográfica: se encuentra en zonas tropicales de la costa ecuatoriana, presente en bosques primarios y secundarios.

Usos: los frutos cocidos se emplean en la alimentación. Las hojas se utilizan como forraje para el ganado. El látex se usa para la eliminación de abscesos en la piel. Su madera es empleada en la construcción de viviendas y en ebanistería.

Estado de conservación: presenta problemas de conservación debido a la deforestación del bosque.

Familia Myrtaceae

Nombre científico: Psidiun guajaba

Nombre común: Guayaba

Descripción botánica: árbol de más de cinco metros de altura, con hojas simples, opuestas y de color verde algo opaco. Las flores son de tamaño mediano, con pétalos blancos y numerosos estambres. El fruto es una baya globosa que contiene muchas semillas, rodeadas por una pulpa jugosa que puede ser de tonalidad amarillenta o rosada.

Distribución geográfica: se encuentra en zonas tropicales y subtropicales de la costa y el oriente ecuatoriano, ampliamente cultivada en fincas, potreros y bosques intervenidos.

Usos: el fruto es comestible y se utiliza en la preparación de jugos y mermeladas. Las hojas se emplean en el tratamiento de enfermedades del sistema respiratorio, la diabetes e infecciones estomacales.

Estado de conservación: no presenta problemas de conservación.

Familia Orchidiaceae

Nombre científico: Vainilla sp

Nombre común: Vainilla

Descripción botánica: liana trepadora con hojas simples, alternas y de bordes enteros, que presentan folíolos carnosos. Produce flores pequeñas de color amarillo y frutos en forma de cápsulas alargadas.

Distribución geográfica: se encuentra en zonas tropicales y subtropicales, presente en bosques húmedos, tanto primarios como ligeramente alterados.

Usos: los frutos se emplean para aromatizar y perfumar postres, bebidas y productos de repostería. También se utilizan en la elaboración de extractos y esencias para la industria alimentaria.

Estado de conservación: presenta problemas de conservación debido a la deforestación del bosque.

Familia Papilonaceae

Nombre científico: Cassia fistula

Nombre común: Caña fistula

Descripción botánica: árbol que puede alcanzar más de diez metros de altura. Posee hojas compuestas y pinnadas, y sus flores de color rosado se agrupan en racimos. El fruto es una vaina redondeada que contiene varias semillas.

Distribución geográfica: se encuentra en zonas cálidas y húmedas de la costa ecuatoriana, preferentemente en áreas perturbadas cercanas a sectores húmedos.

Usos: las vainas contienen semillas dispuestas en segmentos cubiertas por un arilo, utilizado en el tratamiento de enfermedades del sistema respiratorio. Las flores producen abundante néctar, atrayendo a insectos polinizadores.

Estado de conservación: no presenta problemas de conservación.

Familia Passifloraceae

Nombre científico: Passiflora arborea

Nombre común: Quita hambre

Descripción botánica: árbol de aproximadamente cinco metros de altura. Posee hojas simples, alternas, lampiñas y de borde entero. Produce flores grandes de color amarillento y frutos globosos.

Distribución geográfica: se encuentra en zonas tropicales y subtropicales, común en sitios alterados cerca de la ribera de los ríos y caminos.

Usos: las hojas se emplean como utensilios naturales para servir alimentos.

Estado de conservación: presenta problemas de conservación debido a la deforestación del bosque.

Familia Piperaceae

Nombre científico: Piper sp

Nombre Común: Santa María de anís

Descripción botánica: arbusto de dos metros de altura, con hojas simples y alternas de color verde caña. Sus flores, de tonalidad blanquecina, se agrupan en amentos.

Distribución geográfica: se encuentra en zonas tropicales y subtropicales de la costa ecuatoriana, común en sitios alterados, caminos y bosques secundarios, preferentemente a la orilla de los ríos.

Usos: las hojas se emplean para regular el sistema nervioso y como ingrediente en la repostería.

Estado de conservación: no presenta problemas de conservación.

Nombre científico: Photomorphes peltata

Nombre común: Santa María

Descripción botánica: planta herbácea perenne que puede alcanzar hasta dos metros de altura. Posee hojas alternas y peltadas, y sus flores se disponen en espigas de color verde grisáceo.

Distribución geográfica: se encuentra en zonas húmedas del trópico y subtrópico de la costa y el oriente ecuatoriano, en áreas perturbadas, cercanas a ríos y caminos.

Usos: las hojas se emplean en el tratamiento de mordeduras de culebras, enfermedades de la piel y para estabilizar el sistema nervioso.

Estado de conservación: no presenta problemas de conservación.

Nombre científico: Piper sp

Nombre común: Rodillón

Descripción botánica: arbusto de más de dos metros y medio de altura, con tallo que presenta nudos prominentes y lenticelas. Posee hojas simples y alternas, y sus flores blanquecinas se agrupan en amentos.

Distribución geográfica: se encuentra en zonas tropicales y subtropicales de la costa ecuatoriana, común en sitios alterados como caminos, bosques secundarios y cultivos abandonados.

Usos: las hojas se emplean en el tratamiento de golpes y dolores óseos.

Estado de conservación: no presenta problemas de conservación.

Familia Poaceae

Nombre científico: Gineriun sagitatum

Nombre común: Caña brava

Descripción botánica: planta semileñosa que puede superar los dos metros de altura. Posee hojas grandes, simples y alternas, con bordes que pueden provocar cortes. Sus frutos son pequeños y se agrupan en espigas; adquieren un tono blanquecino al madurar.

Distribución geográfica: se encuentra en zonas tropicales y subtropicales, cerca de ríos y playas.

Usos: el tallo se emplea en la elaboración de artesanías.

Estado de conservación: no presenta problemas de conservación.

Nombre científico: Guadua angustifolia

Nombre común: Caña guadua

Descripción botánica: planta herbácea gigante que puede alcanzar hasta 25 metros de altura. Posee tallos leñosos, huecos y segmentados en nudos, y presenta hojas simples, lanceoladas, largas y pilosas.

Distribución geográfica: se encuentra en zonas bajas y húmedas de la costa y la Amazonía ecuatoriana, principalmente en nacimientos y riberas de ríos, así como en bosques húmedos alterados.

Usos: el tallo se emplea en la elaboración de artesanías, la producción de carbón vegetal y en la construcción de viviendas.

Estado de conservación: no presenta problemas de conservación.

Familia Rubiaceae

Nombre científico: Genipa americana

Nombre común: Jagua

Descripción botánica: árbol de más de 15 metros de altura, con hojas simples, opuestas, lampiñas y de borde entero; presenta flores pequeñas de color amarillento.

Distribución geográfica: se encuentra en zonas tropicales y subtropicales de la costa ecuatoriana, común en bosques alterados con poca dispersión.

Usos: los frutos se han utilizado desde épocas ancestrales como tintura de gran durabilidad.

Estado de conservación: presenta problemas de conservación debido a la deforestación del bosque y cuenta con una regeneración natural limitada.

Familia Rutaceae

Nombre científico: Zantoxilum tachueloi

Nombre común: Tachuelo

Descripción botánica: árbol que puede alcanzar hasta 25 metros de altura, con acúleos en el tronco. Posee hojas compuestas, pinnadas y alternas, cuyos foliolos presentan puntos translúcidos, y en el raquis se encuentran espinas. Produce flores pequeñas de color blanco, agrupadas en panículas, y frutos redondeados.

Distribución geográfica: se encuentra en zonas tropicales y subtropicales, común en bosques húmedos y secos, tanto primarios como secundarios.

Usos: las hojas se emplean en el tratamiento de enfermedades de la piel. Los acúleos se utilizan en la elaboración de artesanías. Su madera es empleada en la construcción de casas y en ebanistería.

Estado de conservación: presenta problemas de conservación debido a la deforestación del bosque.

Familia Samaroubiaceae

Nombre científico: Samarouba amara

Nombre común: Amargo

Descripción botánica: árbol que puede superar los 18 metros de altura. Posee hojas simples, alternas, lampiñas y de borde entero. Produce flores pequeñas de color blanquecino y frutos globosos.

Distribución geográfica: se encuentra en zonas tropicales, común en bosques húmedos, tanto primarios como secundarios, y en áreas de transición entre bosques húmedos y secos.

Usos: el tallo se emplea en el tratamiento de enfermedades del sistema respiratorio.

Estado de conservación: presenta problemas de conservación debido a la deforestación del bosque.

Familia Sapindaceae

Nombre científico: Sapindum saponarium

Nombre común: Jaboncillo

Descripción botánica: árbol que puede alcanzar hasta diez metros de altura. Posee hojas compuestas, pinnadas y alternas. Sus flores, de pequeño tamaño y color blanquecino, se agrupan en racimos de tipo paniculiforme. Los frutos son globosos y contienen una semilla grande de color negro cuando están maduros.

Distribución geográfica: se encuentra en zonas tropicales y subtropicales de la costa ecuatoriana, frecuente en sitios alterados y potreros.

Usos: el fruto se tritura y se utiliza como detergente natural para lavar la ropa.

Estado de conservación: no presenta problemas de conservación.

Familia Sapotaceae

Nombre científico: Chrysophillum sp

Nombre común: Caimitillo

Descripción botánica: árbol que puede superar los 18 metros de altura. Posee hojas simples y alternas. Sus flores son pequeñas y de color blanquecino, y produce frutos globosos que varían de verde a morado al madurar. Además, el árbol presenta látex en el tronco, las hojas y los frutos.

Distribución geográfica: se encuentra en zonas tropicales y subtropicales, presente en bosques primarios, bosques poco alterados y potreros.

Usos: los frutos son comestibles. Su madera se emplea en la construcción de viviendas.

Estado de conservación: presenta problemas de conservación debido a la deforestación del bosque.

Nombre científico: Chrysophillum auratum

Nombre común: Caimito cauje

Descripción botánica: árbol que puede alcanzar más de diez metros de altura. Posee hojas simples y alternas. Produce flores pequeñas de color blanquecino y frutos globosos que se tornan amarillentos al madurar. Además, presenta látex en el tronco, las hojas y los frutos.

Distribución geográfica: se encuentra en zonas tropicales y subtropicales, común en fincas abandonadas, áreas cultivadas y potreros.

Usos: los frutos son comestibles. Su madera se emplea en la producción de carbón y como leña.

Estado de conservación: no presenta problemas de conservación.

Familia Scrophulariaceae

Nombre científico: Lomourouxia sp

Nombre común: Sánalo todo

Descripción: arbusto de más de dos metros de altura, con tallo leñoso. Posee hojas simples y alternas, y sus flores blanquecinas se agrupan en pequeños racimos.

Distribución geográfica: se encuentra en zonas tropicales y subtropicales de la costa ecuatoriana, presente en sitios alterados, bosques secundarios tanto iniciales como tardíos, así como en caminos y potreros abandonados.

Usos: las hojas se emplean en el tratamiento de golpes, dolores óseos y enfermedades de la piel.

Estado de conservación: no presenta problemas de conservación.

Familia Solanaceae

Nombre científico: Acnitus arborescens

Nombre común: Cojojo

Descripción botánica: arbusto de aproximadamente cuatro metros de altura, con tallo leñoso. Posee hojas simples y alternas, muy lampiñas. Sus flores son de tamaño mediano, con pétalos de color blanco, y sus frutos son bayas pequeñas de color zapote, que contienen pocas semillas.

Distribución geográfica: se encuentra en zonas tropicales y subtropicales de la costa ecuatoriana, común en sitios cultivados, áreas abandonadas y como cerca viva.

Usos: las hojas se emplean en el tratamiento de golpes, abscesos y como diuréticas.

Estado de conservación: no presenta problemas de conservación.

Nombre científico: Solanum ferruginium

Nombre común: Lava plato o lame plato

Descripción botánica: arbusto que puede alcanzar más de tres metros de altura, con hojas simples, lobuladas, alternas y pilosas. Sus flores blancas se agrupan en grandes racimos y el fruto es globoso, conteniendo varias semillas en su interior.

Distribución geográfica: se encuentra en zonas tropicales y subtropicales de la costa ecuatoriana, común en bosques alterados, preferentemente en potreros y a lo largo de caminos.

Uso: hojas se emplean en el tratamiento de afecciones del sistema renal y para el lavado de utensilios de cocina.

Estado de conservación: no presenta problemas de conservación.

Familia Sterculiaceae

Nombre científico: Theobroma bicolor

Nombre común: Maracumbo o Bacao

Descripción botánica: árbol que puede alcanzar hasta 20 metros de altura. Posee hojas alternas, grandes y de forma oblongo-elíptica. Sus flores, de pequeño tamaño, crecen en racimos directamente en el tronco. El fruto es una baya grande y alargada, similar a la del cacao, con semillas rodeadas por una pulpa comestible.

Distribución geográfica: se encuentra en zonas tropicales de la costa y la Amazonía ecuatoriana, presente en áreas perturbadas y cultivado en fincas.

Usos: la pulpa del fruto es comestible y se utiliza en la preparación de bebidas y postres. Las semillas, una vez tostadas, se emplean como sustituto del cacao y en el tratamiento de infecciones y problemas digestivos.

Estado de conservación: presenta problemas de conservación debido a la deforestación del bosque.

Familia Teofrastraceae

Nombre científico: Clavija sp

Nombre común: Huevo de tigre

Descripción botánica: arbusto de hasta tres metros de altura, con hojas simples y alternas, cuyos bordes presentan espinas. Produce frutos globosos, de color amarillo y con textura lisa.

Distribución geográfica: se encuentra en zonas secas y húmedas de la costa ecuatoriana, típicamente asociada a plantas oprimidas que desaparecen con la deforestación del bosque.

Usos: los frutos son aprovechados tanto para la alimentación animal como para el consumo humano en su forma natural.

Estado de conservación: presenta problemas de conservación debido a la deforestación del bosque.

Familia Tiliaceae

Nombre científico: Trichospermum mexicanum

Nombre común: Chillalde o Pichango

Descripción botánica: árbol que puede alcanzar más de diez metros de altura, con hojas simples y alternas. Sus flores, de color rosado, se agrupan en racimos, y los frutos son cápsulas pequeñas que contienen varias semillas.

Distribución geográfica: se encuentra en zonas tropicales y subtropicales, presente en bosques húmedos alterados, cerca de vías y en rastrojos.

Usos: la corteza se emplea para la extracción de fibras, mientras que la madera se utiliza en trabajos de encofrado.

Estado de conservación: no presenta problemas de conservación.

Familia Ulmaceae

Nombre científico: Threma michranta

Nombre común: Sapan de paloma

Descripción botánica: árbol que puede alcanzar hasta diez metros de altura. Presenta corteza de color café oscuro y hojas simples, alternas. Sus flores son pequeñas y de color blanquecino, y los frutos, de forma globosa, contienen una única semilla.

Distribución geográfica: se encuentra en zonas tropicales y subtropicales de la costa ecuatoriana, común en caminos, sitios abandonados y áreas alteradas del bosque.

Usos: de la corteza se extrae fibra utilizada en la elaboración de diversos productos artesanales y de uso cotidiano. La pulpa se emplea en la producción de papel.

Estado de conservación: no presenta problemas para la conservación.

Familia Urticaceae

Nombre científico: Fleuria aestuan

Nombre común: Ortiga

Descripción botánica: planta herbácea que puede superar el metro de altura, con tallo piloso y hojas simples, alternas y también pilosas desde el peciolo. Las flores, de color blanquecino, se agrupan en panículas, y los frutos son diminutos y algo globosos.

Distribución geográfica: se encuentra en zonas tropicales y subtropicales de la costa ecuatoriana, presente en sitios alterados, caminos, bosques secundarios iniciales y tardíos, así como en cultivos abandonados.

Usos: las hojas se emplean en el tratamiento de hemorragias.

Estado de conservación: no presenta problemas de conservación.

Nombre científico: Urera caracasana

Nombre común: Ortigón

Descripción botánica: arbusto de tres metros de altura, con hojas simples y alternas. Sus flores, de pequeño tamaño, se agrupan en amentos, y los frutos son pequeños y globosos.

Distribución geográfica: se encuentra en zonas tropicales y subtropicales, presente en bosques húmedos, caminos, sitios alterados y a lo largo de la ribera de los ríos.

Usos: las hojas se emplean en el tratamiento de enfermedades de la piel.

Estado de conservación: presenta problemas de conservación debido a la deforestación del bosque.

Familia Verbenaceae

Nombre científico: Cornuntia microcalisina

Nombre común: Julape o Culape

Descripción botánica: arbusto que puede alcanzar hasta cuatro metros de altura, con hojas simples y opuestas. Sus flores, con pétalos de color lila, se agrupan en racimos, y produce frutos pequeños.

Distribución geográfica: se encuentra en zonas tropicales y subtropicales de la costa ecuatoriana, común en caminos y sitios abandonados.

Usos: las hojas y ramas tiernas se emplean para controlar los piojos que afectan a las aves.

Estado de conservación: presenta problemas de conservación debido a la deforestación del bosque.

Nombre científico: Laguncularia racemosa

Nombre común: Mangle blanco

Descripción botánica: árbol que alcanza aproximadamente 10 metros de altura. Posee hojas simples, opuestas y lampiñas, con márgenes enteros. Sus flores son pequeñas y de color blanquecino, y sus frutos se asemejan a una canoa.

Distribución geográfica: se encuentra en zonas tropicales, especialmente en la desembocadura de los ríos.

Usos: las hojas se emplean en el tratamiento de enfermedades de la piel. Su madera es utilizada en la construcción de viviendas.

Estado de conservación: no presenta problemas de conservación.

Nombre científico: Avicenia germinans

Nombre común: Mangle negro

Descripción botánica: árbol que puede alcanzar diez o más metros de altura. Posee raíces en forma de neumatóforos, una corteza de color negro y hojas simples, opuestas. Sus flores son pequeñas, de color blanquecino, y sus frutos son cápsulas que contienen una semilla.

Distribución geográfica: se encuentra en zonas tropicales de la costa ecuatoriana, especialmente en la desembocadura de los ríos.

Usos: las raíces se emplean como afrodisíaco. El tronco se utiliza para la obtención de leña y la producción de carbón vegetal.

Estado de conservación: no presenta problemas de conservación.

Nombre científico: Vitex gigantea

Nombre común: Pechiche

Descripción botánica: árbol de más de 15 metros de altura, con hojas compuestas, palmeadas y opuestas, que presentan pilosidad tanto en el haz como en el envés. Las flores son pequeñas, con pétalos de color lila, y se agrupan en pequeños racimos. El fruto es globoso.

Distribución geográfica: se encuentra en zonas subtropicales y tropicales de la costa ecuatoriana, común en zonas boscosas, áreas perturbadas y sectores cultivados.

Usos: los frutos son comestibles y pueden consumirse de forma natural o en conservas. El árbol proporciona refugio a diversas especies animales en los potreros. Su leña es utilizada en la construcción de viviendas.

Estado de conservación: no presenta problemas de conservación.

Nombre científico: Lantana camara

Nombre común: Poveda

Descripción botánica: arbusto de hasta dos metros de altura, con hojas simples y opuestas que desprenden un aroma intenso. Produce flores de colores rojos y amarillos, agrupadas en cabezuelas, y frutos pequeños de color lila cuando alcanzan la madurez.

Distribución geográfica: se encuentra en zonas tropicales y subtropicales de la costa ecuatoriana, común en sitios alterados y abandonados, caminos, potreros y rastrojos.

Usos: las hojas se emplean como regulador menstrual. Además, la planta es utilizada por las mariposas como sitio de oviposición.

Estado de conservación: no presenta problemas de conservación.

Familia Zamiaceae

Nombre científico: Zamia lindeni

Nombre común: Chigua

Descripción botánica: palmera de estipe corto que alcanza hasta tres metros de altura. Posee hojas compuestas, de estructura pinada y dispuestas de forma alterna.

Distribución geográfica: se encuentra en zonas tropicales y subtropicales de la costa ecuatoriana, preferentemente en bosques primarios poco alterados, así como en jardines y patios.

Usos: el fruto es comestible y utilizado en sectores rurales para la elaboración de pan.

Estado de conservación: presenta problemas de conservación debido a la deforestación del bosque.

Familia Zingiberaceae

Nombre científico: Renealmia lucida

Nombre común: San Juanito

Descripción botánica: planta que puede alcanzar hasta tres metros de altura. Posee hojas simples y alternas, flores de color amarillento agrupadas en racimos ubicados en la base de la planta, y frutos en forma de pequeñas drupas.

Distribución geográfica: se encuentra en zonas tropicales y subtropicales, común en bosques húmedos, cerca de ríos, rastrojos y sitios alterados.

Usos: las hojas se emplean en el tratamiento de enfermedades del sistema nervioso.

Estado de conservación: presenta problemas de conservación debido a la deforestación del bosque.

Nombre científico: Costus sp

Nombre común: Caña agria

Descripción botánica: arbusto que puede alcanzar más de dos metros y medio de altura, con tallo herbáceo y hojas simples de disposición abrazadora.

Distribución geográfica: se encuentra en zonas tropicales y subtropicales de la costa ecuatoriana, presente en sitios alterados, caminos, bosques secundarios iniciales y tardíos, así como en cultivos abandonados y sectores húmedos.

Usos: la corteza se emplea en el tratamiento de enfermedades del sistema renal y la diabetes.

Estado de conservación: no presenta problemas de conservación.

Referencias bibliográficas

Abalos - Romero, M. (2001). Productos forestales no madereros en América Latina Proyecto información y análisis para el manejo forestal sostenible: integrando esfuerzos nacionales e internacionales en 13 países tropicales en América Latina. Unión Europea FAO. Santiago de Chile.

Acheampong, E., & Maryudi, A. (2020). Avoiding legality: Timber producers' strategies and motivations under FLEGT in Ghana and Indonesia. Forest Policy and Economics, 111, 102047.

Aguirre Mendoza, Z., Rivera Moran, M. E., & Granda Moser, V. (2019). Productos forestales no maderables de los bosques secos de Zapotillo, Loja, Ecuador. Arnaldoa, 26(2), 575-594.

Aguirre Z. (2012). Guía para estudiar los productos forestales no maderables (PFNM). Documento de trabajo para estudiantes de la carrera de Ingeniería Forestal de la Universidad Nacional de Loja. Loja, Ecuador. Loja, Ecuador. p 41. Disponible en: https://www.academia.edu/7802645/Guia_para_estudiar_los_productos_forestales_no_maderables_de_Ecuador)

Aguirre, Z. y Aguirre, L. (2021). Estado actual e importancia de los Productos Forestales No Maderables. Bosques Latitud Cero, 11(1): 71-82.

Aguirre, Z. y Aguirre, L. (2021). Estado actual e importancia de los Productos Forestales No Maderables. Bosques Latitud Cero, 11(1): 71-82

Alexander, S. J., & McLain, R. J. (2001). An overview of non-timber forest products in the United States today. Journal of sustainable forestry, 13(3-4), 59-66.

Alexiades, M. N., & Shanley, P. (Eds.). (2004). Productos forestales, medios de subsistencia y conservación: Estudios de caso sobre sistemas de manejo de productos forestales no maderables (No. SD543. P76 2004.). Bogor, Indonesia: CIFOR. https://www.cifor-icraf.org/publications/pdf_files/Books/NTFPLatin_America/TOC-Chapter5.PDF

Añazco, M., Loján, L. y Yaguache, R. (2004). Productos Forestales No Maderables en el Ecuador (PFDM). Una aproximación a su diversidad y usos. Organización de las Naciones Unidas para la Agricultura y la Alimentación. Quito-Ecuador.

Añazco, M., Morales, M., Palacios, W., Vega, E., y Cuesta, A. (2010). Sector Forestal Ecuatoriano: propuesta para una gestión forestal sostenible. Serie Investigación y Sistematización No.8. Programa Regional ECOBONA-INTERCOOPERATION. Quito, Ecuador.

Arias, J. C., & López, D. C. (2007). Manual de identificación, selección y evaluación de oferta de productos forestales no maderables. Instituto Amazónico de Investigaciones Científicas" SINCHI".

Arnold, M., & Pérez, M. R. (2001). ¿Can non-timber forest products match tropical forest conservation and development objectives? Ecological Economics, 39(3), 437-447. https://doi.org/10.1016/S0921-8009(01)00236-1

Beer, J. and McDermott, M. (1989). The economic value of non-timber forest products in South East Asia. Amsterdam. The Netherlands Committee for IUCN.

Borah, D., Tangjang, S., Das, A., Upadhaya, A., & Mipun, P. (2020). Assessment of non-timber forest products (NTFPs) in Behali Reserve Forest, Assam, Northeast India. Ethnobotany Research and Applications, 19, 1-15. https://doi.org/10.32859/era.19.43.1-15.

Borah, P., Nath, A. J., & Das, A. K. (2020). Non-timber forest products of Assam: A strategy for conservation and sustainable development. Journal of Sustainable Forestry, 39(2), 165-184. https://doi.org/10.1080/10549811.2019.1696980

Bravo Velásquez, E. (2014). La biodiversidad en el Ecuador. Editorial Universitaria Abya-Yala. ISBN: 978-9978-10-168-1

Carrión, J. C., Hurtado, S., Ulloa, L., & Herrera, C. (2019). Productos forestales no maderables (PFNM) de la zona de amortiguamiento del Parque Nacional Yacuri, Espíndola, Loja, Ecuador. Bosques Latitud Cero, 9(1), 83-93. Disponible en: http://www.redalyc.org/articulo.oa?id=361365284004

Chandrasekharan, C.; Frisk, T. y Campos, J. (1996). Desarrollo de productos forestales no madereros en América Latina y el Caribe. FAO (Ed.). Santiago, Chile. Serie forestal núm. 5. 484 p.

CIFOR. (2024). Case studies of non-timber forest product systems. Retrieved from https://www.cifor-icraf.org/knowledge/publication/2281/

Cogollo-Calderon, A. M., & García-Cossio, F. (2012). Caracterización etnobotánica de los productos forestales no maderables (PFNM) en el corregimiento de Doña Josefa, Chocó, Colombia. Revista Biodiversidad Neotropical, 2(2), 102-112.

Córdoba Tovar, L., Gamboa Bejarano, H., Mosquera Mosquera, Y., Palacios Torres, Y., Salas Moreno, M. H., & Ramos Barón, P. A. (2019). Productos forestales no maderables: uso y conocimiento de especies frutales silvestres comestibles del Chocó, Colombia. Cuadernos de Investigación UNED, 11(2), 164-172.

De la Peña, G. & Illsley, C. (2001). Los productos forestales no maderables: su potencial económico, social y de conservación. Ecológica. La Jornada. https://www.jornada.com.mx/2001/08/27/eco-a.html. Acceso: 22/10/2024.

Fadiman, M. (2013). Marketing, culture, and conservation value of NTFPs: case study of Afro-Ecuadorian use of Piquigua, Heteropsis ecuadorensis (Araceae). African Ethnobotany in the Americas, 175-194.

FAO (Organización de las Naciones Unidas para la Agricultura y la Alimentación). (1992). Productos forestales no madereros; posibilidades futuras. http://www.fao.org/docrep/t0431s/t0431s00.htm

FAO (Organización de las Naciones Unidas para la Alimentación y la Agricultura). (1999). Hacia una definición uniforme de los productos forestales no madereros. Unasylva, 50(198), 63-64.

FAO (Organización de las Naciones Unidas para la Agricultura y la Alimentación). (2001). Información sobre productos forestales no madereros y árboles fuera del bosque en América Latina. PROYECTO GCP/RLA/133/EC. Información y análisis para el manejo forestal sostenible: integrando esfuerzos nacionales e internacionales en 13 paises tropicales en America Latina. Disponible: https://www.fao.org/4/ad408s/AD408s05.htm

FAO (Organización de las Naciones Unidas para la Agricultura y la Alimentación). (2002). Evaluación de los Recursos Forestales Mundiales 2000 - Informe Principal. ESTUDIO FAO MONTES 140. Roma. ISBN 92-5-304642-2. Disponible en: https://www.fao.org/4/y1997s/y1997s00.htm

FAO (Organización de las Naciones Unidas para la Agricultura y la Alimentación). (2005). Proceedings: third expert meeting on harmonizing forest-related definitions for use by various stakeholders, FAO, Rome, 17–19 January 2005.

FAO (Organización de las Naciones Unidas para la Agricultura y la Alimentación). (2007). Situación de los bosques del mundo 2007. Roma. http:// www.fao.org/docrep/009/a0773s00.htm.

FAO (Organización de las Naciones Unidas para la Alimentación y la Agricultura). (2010). Evaluación de los recursos forestales mundiales 2010. Informe principal. Estudio FAO Montes, núm. 163.

FAO (Organización de las Naciones Unidas para la Agricultura y la Alimentación). (2017). Agenda publico privado para el desarrollo sostenible de los productos forestales no madereros en Chile. Chile: Consejo de política forestal.

GADPE (Gobierno Autónomo Descentralizado Provincial de Esmeraldas). (2015). Plan de Desarrollo y Ordenamiento Territorial de la Provincia de Esmeraldas 2015-2025. https://prefecturadeesmeraldas.gob.ec/docs/5_plan-de_desarrollo_y_ordenamiento_territorial.pdf

Ganchozo, B. A. Z., & González, A. J. (2022). Aprovechamiento de los productos forestales no maderables en localidades de la parroquia El Anegado: agricultura. Revista Alcance, 5(1).

García, C., & Polanía, J. (2007). Marco conceptual para productos no maderables del bosque en manglares de Colombia. Gestión y Ambiente, 10(2), 169-178.

Gutiérrez Collao, J.E., Chávez de la Torre, M.Y., López Yupanqui, G.M., Orellana Reyes, D.E., Pérez Híjar, J.B, Rodas Riveros, N.M. & Vasquez Guerrero, P.M. (2024). Identificación de productos forestales no maderables comercializados en el Centro Poblado de Viñas, Pampas, 2023. 7(1), 40-44. https://doi.org/10.46908/tayacaja.v7i1.222

Jensen, A. A. (2009). Valuation of non-timber forest products value chains. Forest Policy and Economics, 11(1), 34-41.

Jima Chugá, M.A. (2017). Identificación de Productos Forestales no Maderables (PFNM) - artesanales en la Reserva Hídrica Nangulvi Bajo zona de Intag, Noroccidente del Ecuador. Trabajo de titulación presentado como requisito previo a la obtención del título de Ingeniero Forestal. Universidad Técnica del Norte, Ecuador. https://repositorio.utn.edu.ec/bitstream/123456789/7002/1/03%20FOR%20257%20TRABAJO%20DE%20GRADO.pdf

Jiménez González, A., Pincay Alcívar, F. A., Ramos Rodríguez, M. P., Mero Jalca, O. F., & Cabrera Verdesoto, C. A. (2017). Utilización de productos forestales no madereros por pobladores que conviven en el bosque seco tropical. *Ciencias Forestales*, 5(3), 270-286. Disponible en: http://cfores.upr.edu.cu/index.php/cfores/article/view/264/html

Jiménez González, A., Sánchez Rodríguez, D. R., Romero Anazco, Y. V., & Manrique Toala, T. O. (2024). Evaluación del aprovechamiento de productos forestales no maderables, sector San Carlos del Chura, Esmeraldas, Ecuador. *Revista Iberoamericana Ambiente & Sustentabilidad*, *7*, 1- 14.

Jiménez-González, A., Macías-Ruiz, K., Sánchez-Cisneros, E., & Pionce-Andrade, G. (2022). Utilización de especies vegetales en los recintos San Ramón y Sántima del cantón Quinindé–Esmeraldas: Non-Timber Forest Products. *Bosques Latitud Cero*, *12*(2), 26-39.

Lajones Bone, D. A. & Quispe Mera, A. G. (2016). Efectos ambientales, económicos y sociales del aprovechamiento forestal en la provincia de Esmeraldas–Ecuador. Cub@: Medio Ambiente y Desarrollo, 16 (30).

Larrea, M.; Fabara Rojas, J. (2005). Inventario botánico de especies silvestres promisorias en los bosques protectores Monte Saíno y el Tagual. En: Vázquez, M.A., J.F. Freire y L. Suárez (Eds.). Biodiversidad en el suroccidente de la provincia de Esmeraldas: un reporte de las evaluaciones ecológicas y socioeconómicas rápidas. EcoCiencia y MAE Seco. Quito.

Leakey, R. R. B. (2012). Non-timber forest products-a misnomer? Journal of Tropical Forest Science (JTFS), 24(2), 145-146.

López-Camacho R. (2008). Productos forestales no maderables: importancia e impacto de su aprovechamiento. Colomb For; 11: 215-31.

Macías Ruiz, K. Y., & Sánchez Cisneros, E. J. (2022). *Utilización de productos forestales no maderables de los recintos San Ramón y Sántima del cantón Quinindé-Esmeraldas* Trabajo de titulación. Carrera de ingeniería forestal. Universidad estatal del sur de Manabí. Disponible en: https://repositorio.unesum.edu.ec/bitstream/53000/4822/1/ Macías Ruiz Kerlly Yalily - Sanchez Cisneros Elen Julexi.pdf

MAE (2010). Ministerio del Ambiente del Ecuador. Aprovechamiento de los Recursos Forestales 2007 - 2009. Quito, Ecuador.

MAE. Ministerio del Ambiente del Ecuador. (2013). Sistema de Clasificación de los Ecosistemas del Ecuador Continental. Subsecretaría de Patrimonio Natural. Quito, Ecuador.

Mantau, U., Wong, J., & Curl, S. (2007). Towards a Taxonomy of Forest Goods and Services. Small-scale Forestry, 6, 391-409. https://doi.org/10.1007/s11842-007-9033-z.

Masiero, M., Pettenella, D., & Cerutti, P. (2015). Legality Constraints: The Emergence of a Dual Market for Tropical Timber Products? Forests, 6(10), 3452-3482.

Mendoza, Z. A., & Mendoza, L. A. (2021). Estado actual e importancia de los Productos Forestales No Maderables. Bosques Latitud Cero, 11(1), 71-82.

Mendoza, Z. H. A. (2021). Estado actual e importancia de los productos forestales no maderables. Bosques Tropicales, 15(2), 125-137.

Minda Batallas, P. A. (2020). *Hacia una historia ambiental de Esmeraldas: El impacto de las economías extractivas*. Universidad Andina Simón Bolívar, Sede Ecuador.

Miño Estupiñan, K. N. (2024). Identificación de especies forestales que producen frutos y resinas comestibles en la comuna de San Miguel, cantón Eloy Alfaro, provincia Esmeraldas. Proyecto de integración curricular para la obtención del título de ingeniero forestal. Carrera de ingeniería forestal. Universidad Técnica "Luis Vargas Torres" de Esmeraldas.

Montoya, J. F. V., Chicaiza, F. J. H., & Villacreses, J. C. O. (2024). Valoración Económica de Productos Forestales no Maderables del Parque Turístico Nueva Loja. Ciencia Latina Revista Científica Multidisciplinar, 8(4), 13240-13258.

Msola, D., Kajembe, G. C., & Nduwamungu, J. (2017). The role of non-timber forest products in improving household food security in Tanzania. Journal of Sustainable Forestry, 36(3), 234-256. https://doi.org/10.1080/10549811.2017.1282770

Ndoye, O., & Tieguhong, J. C. (2004). Forest resources and rural livelihoods: The conflict between timber and non-timber forest products in the Congo Basin. Scandinavian Journal of Forest Research, 19(S4), 36-44. https://doi.org/10.1080/14004080410034164

Pedersen, S., Gangås, K. E., Chetri, M., & Andreassen, H. P. (2020). Economic Gain vs. Ecological Pain—Environmental Sustainability in Economies Based on Renewable Biological Resources. Sustainability, 12(9), 3557.

Phanith, K. (2022). Challenges and strategies for sustainable management of non-timber forest products in Cambodia. Journal of Forest Science, 68(1), 34-42. https://doi.org/10.17221/105/2021-JFS

Pin Cedeño, J. R. (2018). Microlocalización de Phytelephas aequatorialis Spruce en los predios de la granja experimental Andíl, orientada a su comercialización (Bachelor's thesis, JIPIJAPA-UNESUM).

Pionce, G. (2016). Aprovechamiento de productos forestales no maderables y su impacto en la sostenibilidad del bosque semihúmedo del cantón Jipijapa año 2015. Propuesta enriquecimiento forestal. Quevedo - Ecuador.

Pionce-Andrade, G. A., Suatunce-Cunuhay, J., Pionce-Andrade, V., & Gabriel-Ortega, J. (2018). Inventariación de los productos forestales no maderables (PFNM) de un bosque semi-húmedo del Sur de Manabí, Ecuador. Journal of the Selva Andina Research Society, 9(2), 80-95.

Quito Ulloa, G., Quito Ulloa, M., Urgiles-Gómez, N., & Aguirre-Mendoza, Z. (2021). Productos forestales no maderables de origen vegetal de la parroquia

Valladolid, cantón Palanda, provincia de Zamora Chinchipe. *Bosques Latitud Cero*, 11(1), 1-14. Disponible en: http://www.redalyc.org/articulo.oa?id=361365284004

Rival, L. (2003). Los significados de la gobernanza forestal en Esmeraldas, Ecuador. Oxford Development Studies, 31 (4), 479–501. https://doi.org/10.1080/1360081032000146645

Saha, D., & Sundriyal, R. C. (2012). Utilization of non-timber forest products in humid tropics: Implications for management and livelihood. Forest Policy and Economics, 14(1), 28-40. https://doi.org/10.1016/j.forpol.2011.06.008

Shackleton, C. (2015) Non–timber forest products in livehoods. En Shackleton C., Pandey A. y Ticktin T. (eds.) Ecological Sustainability for Non - timber Forest Products. Nueva York: Routledge.

Shackleton, C. y Shackleton, S. (2004). The importance of non-timber forest products in rural livelihood security and as safety nets: a review of evidence from South Africa. South African Journal of Science, 100, 658–664.

Shanley, P., Luz, L., & Swingland, I. (2016). The faint promise of a distant market: A survey of Belém's trade in non-timber forest products. Biodiversity and Conservation, 25(3), 615-636. https://doi.org/10.1023/A:1015556508925

Shrivastava, M. B. (2003). Forest products other than timber-A world perspective. Journal of Non-Timber Forest Products, 10(3/4), 97-144. https://doi.org/10.54207/bsmps2000-2003-2EX993

Sosa-Montes, M., Martínez-Antonio, F., Cuevas-Reyes, V., & García, A. E. (2013). Contribución de los productos forestales no maderables a la economía familiar en el ejido San José Cieneguilla, Oaxaca. Naturaleza y Desarrollo. 11(2), 2-20.

Suleiman, M. S., Kabiyeva, M., & Arshad, M. (2017). The contribution of non-timber forest products to rural livelihoods in northern Nigeria. Forests, 8(11), 422. https://doi.org/10.3390/f8110422

Tapia-Tapia, E., Reyes-Chilpa, R. (2008). Productos forestales no maderables en México: aspectos económicos para el desarrollo sustentable. Madera y bosques, 14(3), 95-112.

Tuharno, T., Purnaweni, H., & Muhammad, F. (2019). Policy on Timber Legality Verification System for Sustainable Public Procurement and Green Products. E3S Web of Conferences.

UICN. Forest Conservation Programme. (1996). Nontimber forest products. Ecological and economical aspects of exploitation in Colombia, Ecuador and Bolivia. Department of Plant Ecology and Evolutionary Biology. Universidad de utrecht. Broekhoven, Guido.

Valdebenito G. 2013. Existencia, uso y valor de los productos forestales no madereros (PFNM) del bosque nativo en Chile. Disponible en http://www.gestionforestal.cl:81/pfnm/otros/seminarios_publicaciones/publicaci%C3%B3n%20IUFRO%20PFNM%20Chile.pdf

Villavicencio Montoya, J. F., Herrera Chicaiza, F. J., & Villacreses Ochoa, J. C. (2024). Valoración Económica de Productos Forestales no Maderables del Parque Turístico Nueva Loja. Ciencia Latina Revista Científica Multidisciplinar, 8(4), 13240-13258.

Villavicencio Montoya, M., Estupiñán Rodríguez, Z., & Jaramillo Mora, A. (2024). Manejo de recursos forestales en comunidades indígenas de la región Andina. *Revista de Ciencias Ambientales*, 18(3), 150-169.

Zamora Martínez, M. C. (2016). Los productos forestales no maderables: una opción para el manejo forestal ante el cambio climático. Revista mexicana de ciencias forestales, 7(34), 4-6.

Zhindón Ganchozo, B. A., & Jiménez González, A. (2022). Aprovechamiento de los productos forestales no maderables en localidades de la parroquia El Anegado: agricultura. Revista Alcance, 5(1), https://doi.org/10.47230/ra.v1i5.13

Zhiñin, A. (2021). Productos forestales no maderables y su contribución al desarrollo sostenible en comunidades rurales. *Revista de Estudios Amazónicos*, 13(2), 200-215.

Zhiñin, H., Loja, F., Nankamai, M., Zhingre, S., Lemache, V., & Olalla, E. (2021). Productos Forestales No Maderables y derechos de la naturaleza en el Aja Shuar: caso de estudio parroquia Nankais, cantón Nangaritza, provincia Zamora Chinchipe, Ecuador. Bosques Latitud Cero, 11(1), 15-27.

Printed by Books on Demand GmbH, Norderstedt / Germany